解放妈妈！
男孩子也会的极简整理术！

[日]中村佳子　著
王菊　吕剑　译

中国画报出版社・北京

场景

/

长子

将拼插玩具的收纳空间划分为存放零件区和
收藏成品区，这样更方便收纳。

场景

／

次子

我只要轻声地对次子说“把东西整理好，
你就会很开心”，他就会把玄关处的鞋摆放整齐。

前　言

我的长子 12 岁，次子 8 岁。“为什么总是做些危险的事？”“为什么每天都会带些小动物回家？”养育与自己性别不同的孩子使我每天都很茫然，完全不知道孩子们是怎么想的，特别是与整理相关的事情更令人头疼。“为什么不能把自己的东西整理好？”“赶快弄好！”每天我都在为这些事情与两个孩子喋喋不休地争吵。

后来，我接触了生活规划整理术，它使我明白了曾经的种种尝试导致自己进入了误区。曾以为“因为是男孩，说他也没用，他总是整理不好自己的物品”，但实际上，孩子不会整理的原因是没有找到“孩子可以接受并且可以完成的整理方法”。

对于男孩来说，自己不接受的事情是无法付诸行动的。父母需要告诉他们，整理是做什么的，为什么要整理。通过言语和适合的整理方法，并没有花太多精力和金钱，我和孩子们却慢慢地发生了变化。现在，我和孩子们每天都喜笑颜开，时间充裕，且大大提高了做事效率。从 2012 年开始，我作为生活规划整理师开展工作，才知道与曾经的我有同样烦恼的人如此之多。

整理力不只是对空间整理的能力，还是通过运用恰当的整理方法，掌握对物品、时间和信息进行选择的能力，是与孩子“生存能力”相关联的一种学习能力。我很庆幸，作为生活规划整理师所掌握的知识能够使我在生活的方方面面受益良多。

中村佳子

目 录

CONTENTS

第3章 2~12 岁孩子可以掌握的整理术

CONTENTS

第5章 信息整理术 对作业和网络信息进行整理

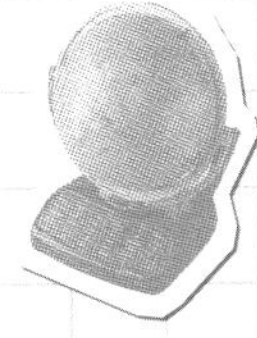

第6章 金钱管理术 学习如何使用零用钱

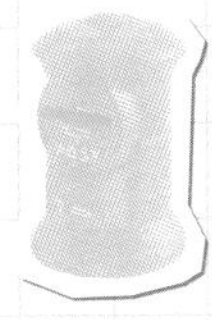

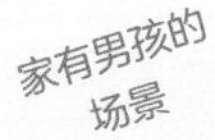

〈 随手乱放 〉

放学回家后马上就想出去玩，把书包扔进屋，飞奔出去。（上图）

不把衣服脱在客厅，而是扔在玄关处，人不见踪影。（下图）

第1章

男孩家的常态

每天紧张而忙碌的清晨

男孩家的

常态

清晨，
孩子吵闹着：“东西又不见啦！”

上学临出门，孩子叫嚷着：“文具盒不见啦！”

清晨分秒必争的我埋怨着：“昨天就应该准备好今天的东西啊！”孩子一边说“昨天明明把文具盒放进书包里了”，一边到处寻找文具盒。但昨天玩的玩具到处都是，给寻找文具盒增加了许多难度。

由于时间紧迫，我不得不和孩子们一起找文具盒。诸如此类寻找文具盒的事情是不是家常便饭？妈妈整日被这些令人烦恼的琐碎日常围绕着。尤其是男孩，脑袋里只装着自己感兴趣的事，经常不能提前准备好第二天上学所需要的用品。

我家经常出现的情况是：前一天明明把作业本放在客厅沙发下，第二天却怎么也找不到，最终发现它静静地躺在沙发靠垫下面。

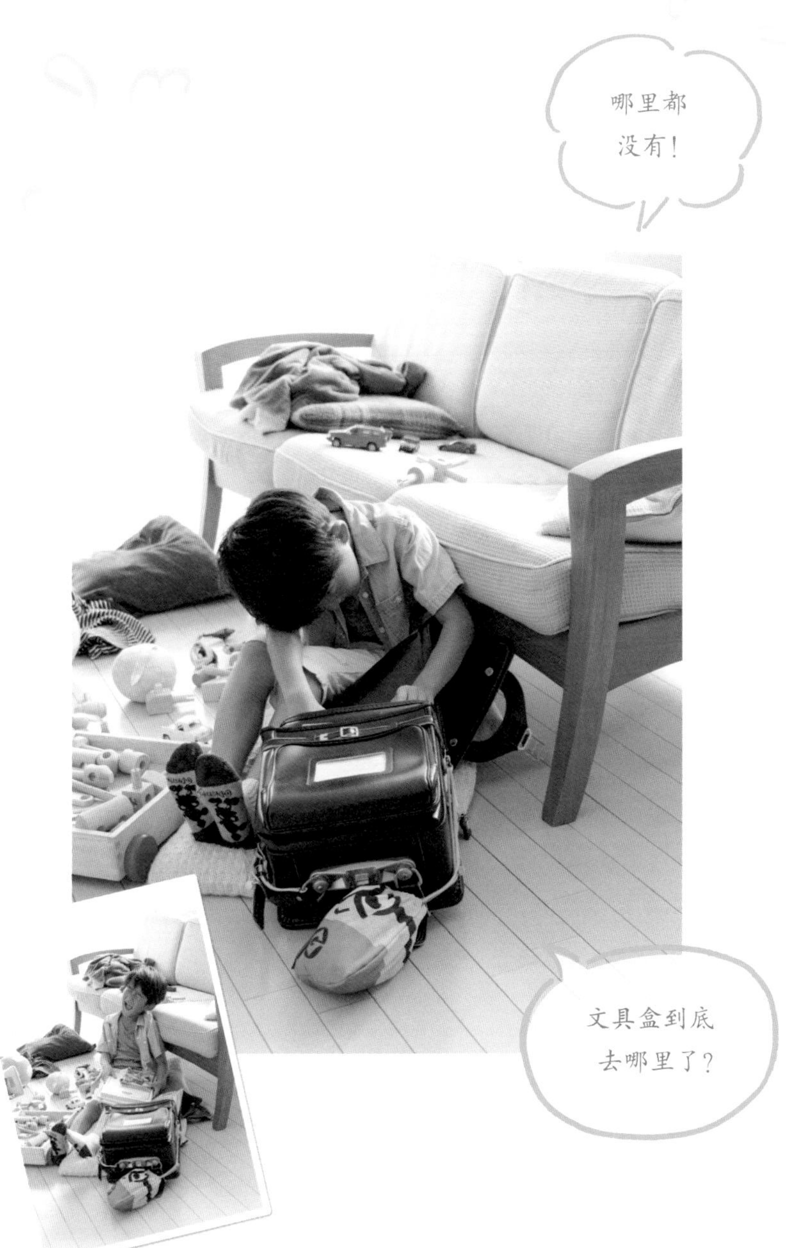
哪里都
没有！
文具盒到底
去哪里了？

男孩家的

常态

轻松出门的孩子与精疲力竭的我

“找到啦！”找到文具盒的那一刻孩子说，“哦，对了，我就觉得昨天好像把它放在那里啦！”此外，孩子还会说：“啊，果然是放在书包里了！”我气得简直哑口无言！

与疲惫不堪的我形成鲜明对比的是，孩子一边笑一边轻松地说：“我去学校啦！”然后，他就去上学了。男孩的情绪切换得也太快了，刚刚被骂的场景完全被抛诸脑后。

我一看表，自己也该出门了，于是，匆忙出门，却把事先准备好的文案和日程本落在了餐桌上。结果，丢三落四的人居然是我！

找到啦！
给你！

路上小心！
我去学校啦！
（一脸轻松）

整理要点

找到孩子可以独立完成的收纳方法尤为重要！

我成为生活规划整理师后，经常有客户向我倾吐他们的烦恼，而这些烦恼也是我曾经遇到的。长子上小学后，我也作为生活规划整理师活跃在职场。那时候，经过我整理以后的家非常整洁，几乎接近于收纳整理的理想状态。但如果我不收拾，房间就无法达到这种理想状态。我也一直很困惑：孩子渐渐长大，明明可以帮父母承担一些家务，到头来家却依然是最初的样子。为什么？为什么会这样呢？

于是，我把整理的焦点转向如何让孩子自己独立完成的收纳方法上。通过对孩子仔细观察，我对孩子常用物品的收纳空间、收纳方法、使用的工具进行选择。孩子第一次独立完成整理的体验非常可贵：从想收拾房间到真正将房间收拾干净。有了这样的体验后，孩子才会有下次再想尝试的信心，而这种信心也将逐日递增。

看看孩子是否可以
自己整理物品

- □ 没有妈妈的帮助，孩子无法收拾好物品。
- □ 孩子经常对我们说“帮我打开这个”“拿一下那个”。
- □ 孩子临睡前，无法把物品放回原位。
- □ 迄今为止，孩子决定自己不要的玩具几乎没有；孩子几乎不能自己决定哪些玩具可以丢弃。
- □ 整理前，房间里有很多垃圾。

出现以上任何一项都需要我们重新审视整理方法。
▶ 第2、3章

我仅仅做了这些改变，在家中找东西的频率就明显减少，生活变得轻松了很多。与长子相差四岁的次子从记事起就掌握了适合他的收纳方法。所以次子的整理意识比较强，也比哥哥更擅长整理。

整理要点

不仅对物品，对时间、信息的合理安排和整合也很重要！

可惜好景不长，没过多久我家又恢复到东西找不到、房间一团乱、时间不够用、孩子大人忙得团团转的状态。回顾之前，寻找文具盒的原因不只是孩子没有掌握正确的整理物品的方法。

文具盒之所以会丢失，还因为孩子对时间管理的缺失。他没有意识到早上的时间很少，没有时间收拾文具。我们只用“快点抓紧时间”这样的言语是无法正确传达给孩子这一事实的。我们需要用孩子可以理解的语言清晰地告诉他 “早上我们没有时间准备所需物品”（这涉及时间管理）。

同时，孩子无法“列出当日需要携带的物品清单”，那么父母需协助孩子按照实际需要列出物品清单（这涉及信息整理）。

孩子说“白天太忙，既要琢磨新买的游戏，又想看喜欢的视频节目”时，我们就需要事先了解孩子一天中可以自由支配的时间有多少，从而帮助他去合理地去安排自己的时间（这也涉及时间管理）。

问题
清晨找不着文具盒而忙碌着。
解决 1
把文具盒放入书包。
涉及物品整理
第2、3章
解决 2
孩子认识到早晨没有时间准备文具盒，前一天晚上要为第二天的学习做好充分准备。
涉及时间管理
第4章
解决 3
孩子自己将上课所需要的三角尺、圆规放入文具盒。
涉及信息整理
第5章
解决 4
孩子知道如果圆规丢了，自己要花零用钱买新的，所以会仔细保管圆规。
涉及金钱管理
第6章

此外，我们应该认真考虑“孩子真的需要那款游戏吗”（这涉及金钱管理）。

文具盒找不到了（问题），将文具盒放入书包里（对策）。这看起来只涉及物品整理，但其实是与我们的生活密不可分的各种问题相互作用的结果。

整理要点

启动孩子整理力的方法

我把生活中交织缠绕的问题逐一解决后，家里紧张忙碌的状态便画上了句号，我向理想的生活又靠近了一步。现如今，只对物品进行整理是无法顺利完成的（严格地说是难以维持）。但生活规划整理术却可以从根本上解决生活中遇到的这种问题。

对于孩子来说，对自己不接受和不感兴趣的事情是无法付诸行动的。让孩子发自内心地认同整理尤为重要。如果父母以合适的方式使孩子理解做事的目的和意义，那么他在认同的情况下会自己主动付诸行动。

把生活规划整理术的精髓、整理方法渗透到生活的点点滴滴中，孩子便能从中学会有效地整理物品、信息，管理时间、金钱。学会生活规划整理术的孩子会思考自己真正想过的生活，从而在生活中自己做决定。

通过整理，父母可以培养孩子勤于思考的能力。

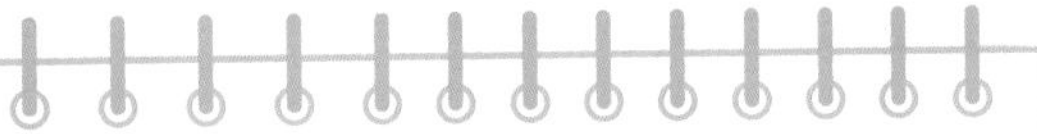

启动孩子整理力的具体方法

- [ ] 给孩子分派任务时，要赋予他二选一的选择权

请孩子帮忙时，不能说“帮我做这件事”，而应该说“你可以帮我做这件事还是那件事呢”。▶ P121

- [ ] 开启竞赛模式

用“预备—开始”的说法取代“快点干完”。▶ P070

- [ ] 用孩子的崇拜对象来激励他

不要以妈妈的语气说“别忘穿运动服”，而是模仿孩子喜欢的某个偶像的口吻告诉他“可别忘穿队服哦”。▶ P120

- [ ] 让孩子自己做选择

用“对你来说最重要的是哪个”来取代“你准备扔的是哪个”。▶ P052

整理要点

传授方法后，孩子才能完成初次整理

“孩子可以自己完成的整理方法”真的有这么重要吗？很多家长会认为随着年龄的增长孩子自然而然就会整理了。事实并非如此。回想孩子当年第一次学骑自行车时，也是先知道基本要领后一步一步上路实践的！又如，孩子学做饭，首先是通过看别人做，模仿别人怎么做。但仅模仿别人，便让他自己做饭，他会觉得“自己没有把握一个人完成”。在掌握基本工具的用法、食材的处理，以及在学校或是家里学习了家常饭菜的基本做法后，他才会想“我下次试着自己做一回”。正因为事先了解了相关的基础知识，孩子才会延伸思考“我加一些或减一些调料试试会怎么样”。

整理也一样。整理方法是需要教孩子的。当然，不会整理又不会死，但还是有必要每天进行整理的。

如同学骑自行车，整理也需要传授方法，否则孩子是不能自然掌握的。

整理的基本思路及方法等作为整理的基本知识是需要和孩子一起摸索和理解的。在了解这些知识的基础上，孩子自己做选择，家长在旁辅助即可。伴随孩子的成长，并欢迎孩子提出如“这样做比较轻松，我想这样做”的主张。

本书对整理的基本方法和教授方法进行了介绍。大家学会整理的基本思路和方法后要灵活运用，使用更适合自己的方法。

须知

一

“整理”可以影响孩子的未来？！

在“life organize”一词中，life 意为生活、人生，而对重要物品的选取整理恰恰可以改变孩子的未来。正如戏剧家威廉·莎士比亚的名言：“人生就是不断做选择。”“这本书我到底买不买？”“去哪家书店买呢？”“穿什么衣服去书店呢？”我们每天的生活就是这些选择的累积。某时某刻的决策成就了今天的自己。成年后总会用删除法来对事物做决定。比如，“这个不行，那个也不行，不然还是选这个吧！”这就如同进行整理时常常以“扔东西”的方式开始。每天通过整理让孩子“选取重要物品”，而非“选择不要的、想扔的东西”，并从中学会做选择。伴随着成长，孩子在面对“参加什么课外活动才好”“报考哪个学校”“将来从事什么工作”等选择时，能通过真正地独立思考，整理自己的思绪，并做决定。这样，孩子

才能成为一个有决策力、可以掌握自己人生的人。这才是我想分享给大家的重点！

整理不只是将物品收拾好，而是帮助自己梳理思绪，审视并思考自己想过怎样的人生，掌握对美好事物的决策力。这是一种重要的生存能力。

须知

一

在变化万千的时代
必备的生存能力

随着人工智能技术的发展，据说等现在的孩子成年后，一半以上的职业将被人工智能所取代。我们已经比父辈更懂得自己的未来需要自己做选择和规划，但我们的孩子处在环境变化更加激烈的旋涡中。我们的教育重点应从提高学生的记忆力转向培养学生自己思考、做选择、行动、解决问题，以及与人沟通的能力。

孩子学习英语是去课外班学，还是在家学？作为家长，我完全不知道如何帮助孩子。但是对于孩子自己思考、做选择、行动、解决问题，以及与人沟通的能力的培养是在学校和课外班无法完成的。在学龄前阶段，我们可以教会孩子从身边的小事做起，通过学习从容整理术，掌握自己思考、做选择、行动、解决问题，以及与人沟通的能力。

学会选取重要物品是适应未来社会的生存能力之一。

第1章

男孩家的常态　每天紧张而忙碌的清晨

孩子通过整理所学到的五大生存能力

孩子通过整理可以具有哪些能力呢?

通过掌握整理术，孩子能够拥有与生存能力相关的五大能力。其中的“决策力”和“判断力”，尤其与孩子独立思考的能力息息相关。

1 决策力

整理让我们思考“什么对自己来说是最重要的”“我是否需要这件物品”。在反复进行选择的过程中，我们更加了解自己的价值观，在生活中就可以根据自己的价值观做出适当的选择。

2 判断力

因所持物品的不同而变换收纳方法。人们对“什么收纳方法最适合”众说纷纭。孩子需要弄清楚“什么时候需要整理、谁整理、怎么整理，以及应把物品放在哪里”，并在此基础上综合判断后再进行整理。

3 持续力

整理是一生需要不断实践的事情。不积跬步，无以至千里。小事的积累成就了持续力的养成。做任何事情持续力都是必备的能力。

4 同理心

对于自己整理后的空间和物品，应认真对待，并为下一个使用者着想。可以通过整理物品和空间，培养孩子的同理心。

5 责任感

自己的事情自己做。用完了的东西要自己将其归位。有意识地从每一件小事做起，培养孩子的责任感。

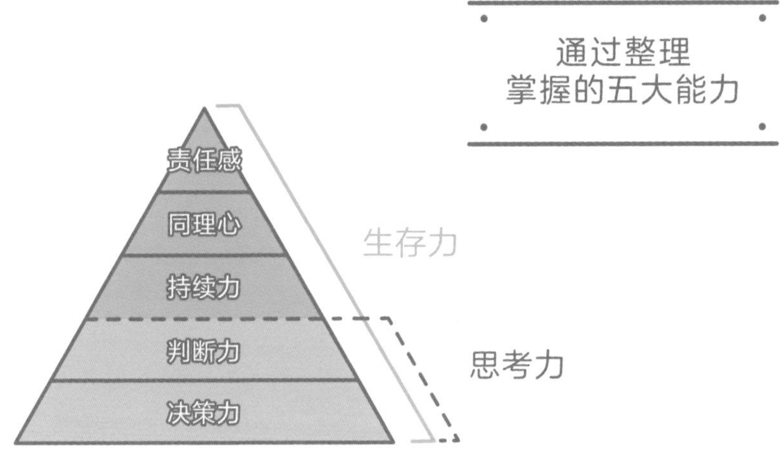

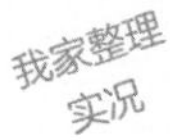

〈 运用四分法进行选择 〉

四年级时使用的物品
可能会用的物品
宝贝
要扔的物品

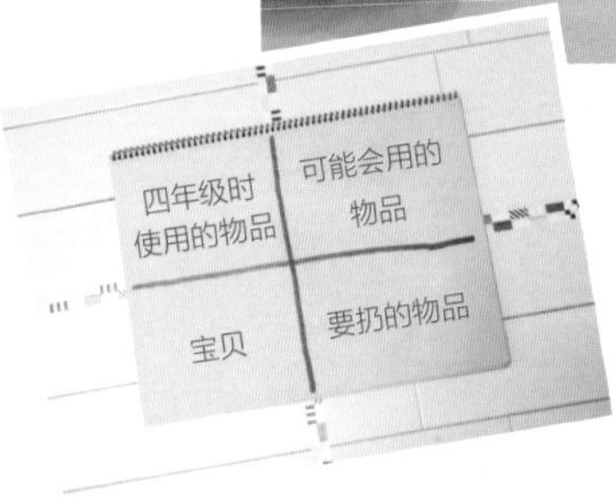

当孩子的绘本、玩具的量过多时，可以采用四分法进行选择。可以在和孩子商量后将物品分成四类。比如将物品分成“宝贝”“× 年级需要使用的物品”“可能会用的物品”“要扔的物品”四类。如果采用二分法（要或不要）选择物品时孩子容易犹豫不决。而采用四分法，孩子可以毫不犹豫地对物品进行取舍。

左下角的相片就是孩子使用四分法对物品进行分类。

第2章

孩子可以学会的整理术

孩子可以
学会的
整理术

“快去整理”的命令完全不奏效

每年暑期我都会为小学生开设整理类课程。课程刚开始，为了缓解孩子们的紧张情绪，我都会问他们：“妈妈在家常说‘快去整理’的同学请举起手。”几乎所有孩子都举起了手。

接着，我会问他们：“那你们知道妈妈为什么要你们‘快去整理’吗？”刚才还热闹非常的课堂一下子安静了下来。高年级同学常常猜测，妈妈是因为觉得房间乱感到难为情才让他们整理。小孩子们冥思苦想却不知道妈妈这么说的原因，而守在孩子身旁的妈妈也一时语塞。

妈妈每天耗尽体力和精力要求孩子“快去整理”，孩子却完全听不进去。而孩子为了应付唠叨没完的妈妈，会想：“找个地方赶快把玩具等杂物先塞进去，妈妈看不见这些东西就不会这么烦躁了，可是往哪里塞呢？”

重要的是要告诉孩子整理的意义与目的。

妈妈本想告诉孩子“整理好物品后，房间会变成什么样”“应该怎样整理物品”等，但是最后只字未提这些重要问题，而一句“快去整理”的命令，孩子又怎么能理解如何整理呢？

有人常说整理的基本要领是物归原位，我们也时常会对孩子说“哪儿拿的东西放回哪儿”。这个所谓的整理要领真的正确吗？看似正确的答案也不完全正确。

孩子是否理解为什么用完的东西必须放回原位？

孩子可以
学会的
整理术

让孩子理解为何需要整理

首先让我们做一下下面的练习吧！

在下页 A、B、C 三张照片里分别有相同数量的白色小球。三张照片里的白球各有几个？从哪张照片里可以最快地找出白球？照片 A 中的玩具散落在地板上，不仅如此，玩具中还掺杂着各种垃圾，白球隐藏其中根本无法找到。照片 B 中的玩具散落在地板上，但是垃圾已经被处理掉。照片 B 与照片 A 相比虽然清晰了许多，但也不能马上找出有几个白球。而照片 C 将散落在地板上的玩具按颜色分组排列后一目了然，三个白球马上映入眼帘。

正确答案是 C。

“将垃圾放进垃圾箱里”“将需要收纳的东西分组排列，并确定其位置”，这些是常用的整理方法。大脑会认为照片 C 的展示方法不错。如果像照片这样以俯瞰的视角来进行对比，是不是效果更明显呢？

开始行动！

从哪张照片中更容易找出白球？

A. 散乱在地板上的玩具＋需要扔的垃圾

B. 散落在地板上的玩具

C. 将玩具分组整理好

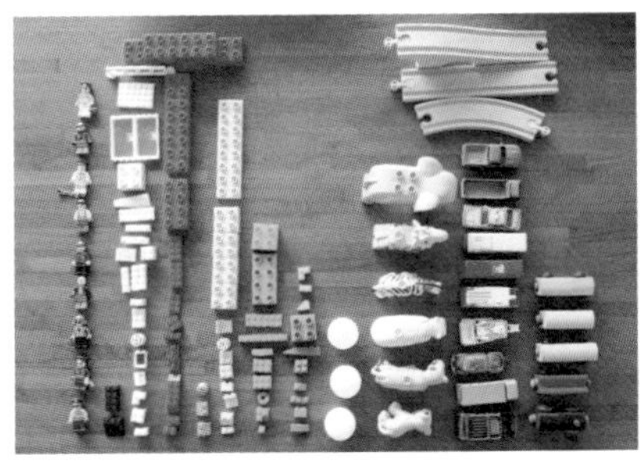

孩子可以
学会的
整理术

解说练习
（向孩子进行说明时的要点）

从随手放在地板上的很多物品中想找出自己需要的物品，和从固定的地方取出想要的物品有什么不同？

如果马上找不到想用的物品，就会心烦意乱，因为找不到就得花更多的时间去找，从而耽误接下来本来想做的事。如果怎么都找不到要找的物品，只能买新的了（结果后来无意中又找到了）。也许你自己能接受这种解决办法，可是如果接下来要使用这件物品的其他人碰到以上情况是不是很郁闷？

总结

将物品放到固定位置，以便想用的时候方便取用，一天的生活就可以不再以找东西开始，早晨的准备工作也不会那么慌乱。孩子和妈妈都会喜笑颜开，也不会给下一个使用者添麻烦。

“必须物归原位！”将整理的意义和理由准确地转达给孩子，这才是整理的基本要点。

让妈妈们不再心烦意乱的办法

“整理后的清爽空间
未必会使家人心情舒畅。”

7 年前我学习生活规划整理术是因为我认识到“整理后的漂亮、整洁的房间并不等同于家人认为舒适的空间”。

在那之前，我学习杂志和电视上介绍的整理方法，将物品收纳好，仅用相同的收纳盒摆放整齐、贴标签等进行整理。我当时认为家人也可以轻松运用这种方法。

学习了生活规划整理术后，我才知道整理的方法因人而异，对于我来说顺手的整理方法可能对于他人来说完全不适用。试想当初我热衷于整理，要家人配合等诸多行为在家人眼里可能是天大的麻烦。

特别是与孩子相关的收纳方法，妈妈容易产生错觉，认为“我已经帮你们找到行之有效的方法了”，“怎么用这么简单的方法，你还是不能将物品归位呢？”所谓的“行之有效的方法”是对我来说容易操作的整理方法，但是对于孩子来说，那种方法可能过于烦琐，所以孩子很难操作。

如果妈妈能接受“家人用完的物品我可以全权负责收回原处”，“我喜欢每天都把家收拾得像网红家居照片上的那样”，那收纳方法由妈妈决定就好，无可非议。但是“妈妈每天也很繁忙，希望孩子自己的事情自己做，收拾房间也不例外”，那就必须思考对家人来说最方便的收纳方法是什么，与家人商量并找出适合他们的方法。

让妈妈们不再心烦意乱的办法

"目标不是家里不乱"

如果我们将"整洁的家"作为目标，那么一旦看到谁把用完的指甲刀放在了桌上，脱下的外套扔在了地板上，就会顿时气打心头起，怒发冲冠地吼叫："谁？谁没把用完的东西放回去？"

就算百分之百地做到物归原位也很难保持家里不乱。何必折磨自己呢？请放弃这个想法吧。

就连我们自己也会有因为疲惫而懒得把东西放回原处，或者完全忘了物归原位的时候。有了孩子就更不用说了。"凌乱才有生活气息"不失为恰到好处的想法。

而真正的重点是，找到改变房间凌乱状态的"迅速、易操作且谁都可以做到"的方法。当我们看到房间很乱，就会烦躁不安，因为认为自己"原来还真不会整理"而情绪低落，但大部分让我们焦虑不安的并不是凌乱的房间。

我们焦虑不安是因为完全不能预测“把房间从这种乱七八糟的状态恢复成理想状态所需要的时间”。如果能够把握整理所需的时间，知道“只需要 10 分钟来整理，就可以让房间恢复整洁”，“今天大概需要 30 分钟来整理”，即使看到房间很乱也知道只是一时的乱，自己随时可以把它变成理想状态，这样就不会烦躁不安了。

如果能在比预测时间更短的时间内整理好房间，心情会更轻松、更舒畅。整理时，需要考虑的因素有很多：需确认是否了解家中物品的量；所有物品是否都有固定位置；应用的收纳方法是否能令家人方便取放物品。

与其把目标设定为“整洁的家”，不如将注意力放在如何使凌乱的房间变得整洁的“迅速、易操作且谁都可以做到”的整理方法上。

你的家哪个地方比较乱？你可以花多长时间把那里恢复成理想状态？

孩子可以学会的**整理术**

要点 ❶

把物品放到固定位置

孩子可以自己完成的收纳方法

孩子理解了为什么需要整理后，接下来需要让孩子掌握自己能完成的收纳方法。

首先，整理过程中最基本的方法是给所有物品找到固定存放位置。想象一下，每天下班回家后，物品都会问：“今天‘家’里有我待的地方吗？”“我的‘家’昨天是在这边，今天呢？”居无定“所”的物品没有固定存放位置。

大多数人会将物品定位于“在那个柜子里吧”，就像我们住址中的“那条街”。为了让物品顺利回“家”，回归原来的存放位置，需要把物品存放的位置固定下来，比如柜子第二层的白色盒子里。

把物品的固定位置确定好，孩子才能自己找到物品，用完后才可以自己做到物归原位。

比如要找到电影海报（大）：

→孩子房间的书柜的最下层的右数第三个盒子。

孩子房间的书柜

电影海报（大）
放哪里了？

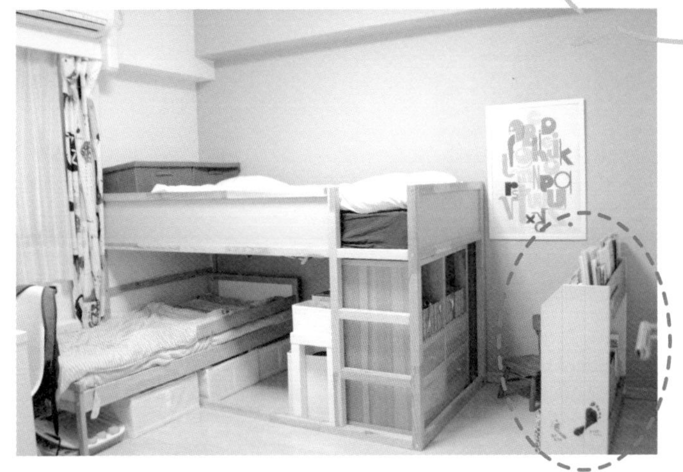

步骤
2

最下层右数第三个盒子

这里！

将书分组放入文件盒进行收纳的方法有利于管理。从右手边开始依次排列为：乐高说明书、电影海报（小）、电影海报（大）、迪士尼绘本、折纸书。

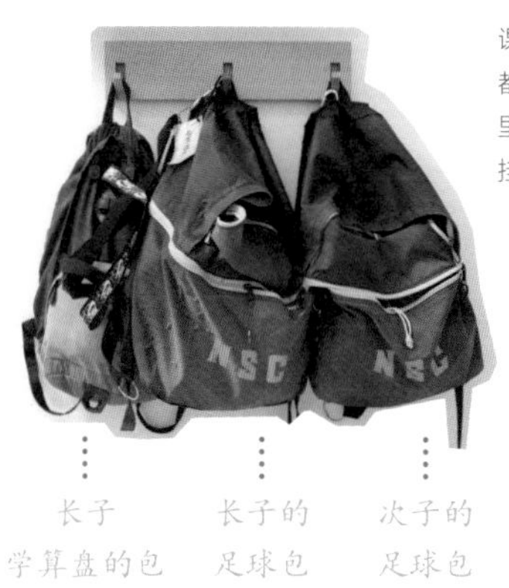

课外活动的所需用品都集中放在一个书包里，将书包统一挂在挂钩上，防止遗忘。

长子学算盘的包　长子的足球包　次子的足球包

将衣柜的门拆除

尽量减少操作次数，让孩子取放自如。

如果想购买收纳用品，不难发现美观时尚的用品应有尽有。虽然在儿童用品专区有很多儿童收纳用品，但对孩子来说，它们是否都好用就另当别论了。对于小孩子来说，有的收纳盒的盖子特别紧，每次打开的时候都得用很大力气，导致里面的东西全倒了出来。

适合小孩的收纳方法是，步骤少且易操作。一个步骤可以完成的收纳方法是最理想的。“只要放进盒子里”，“只摆在开放的柜子里”，“把衣服只挂在挂钩上”，将所有收纳动作有意识地放在“只”这一个动作上。

不要把收纳盒的空间分得太细，而应采用大致收纳的方法；不要将收纳空间塞得太满，而是要做到只要单手操作即可。每天都穿的夹克最好挂在挂钩上，而非使用衣架。

要点 3

拆除柜门、盒盖

收纳经常玩的玩具时，不要加收纳筐的盖子，而是要采用将玩具往筐里一扔的大致收纳法。

如果将物品放入带盖的盒子里，取出时需要五个步骤：将盒子取出→打开盒盖→取出物品→盖上盖子→把盒子放回原位。如果果断拆除盒盖，只要一伸手就能拿到物品，会大大降低整理的难度。

在我家，不仅所有盒子没有盖子，而且孩子的衣柜门也被拆除了。以前有衣柜门的时候，每天拿衣服需要：打开衣柜门→拉出抽屉→取出衣服→合上抽屉→关上柜门。这是理想的收纳过程，但是往往事与愿违。每天映入眼帘的是夹着衣服的半开着的柜门，有时衣柜门完全敞开。拆除了衣柜门后，孩子拿衣服只需三步：拉出抽屉→取出衣服→合上抽屉。减少了行动步骤，收纳效果却明显改善！孩子取出衣服后，衣柜还是整洁如初，而且孩子完全可以独立完成。（当然偶尔也会发生衣服掉出来的状况。）

特别是最初为孩子打造属于他的空间时，以三个动作来结束收纳，大大降低了收纳的难度。相比把物品摆放得整整齐齐，对于低龄儿童来说，自己动手独立完成的自豪感才更有价值。

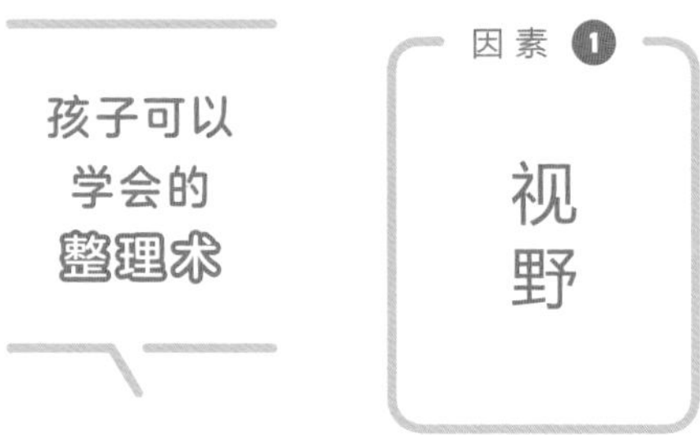

符合孩子成长规律的整理法

在思考收纳方法时，别忘记结合孩子各个成长阶段的特点。这种情形常常出现：东西明明摆在孩子眼前，他却说“没有，找不到”。于是，一直到处找。明明玩具散落在地上，对他说“快点儿收拾好”时，他却说已经整理完了。我们会生气地大喊：“认认真真地把东西整理好！”“东西明明就在你眼前，用眼睛好好看！”孩子可能真的用心了，却真的没有看到。

为什么会这样呢？在孩子刚刚出生的时候，并不能清晰地看到周围的事物，五六岁时视力才会发展到相当于成年人的水平。但是，对于 6 岁的孩子来说，他的水平视线范围只有 90 度，上下垂直视线范围约为 70 度，而成年人的水平视线范围是 150 度，垂直视线范围为 120 度。

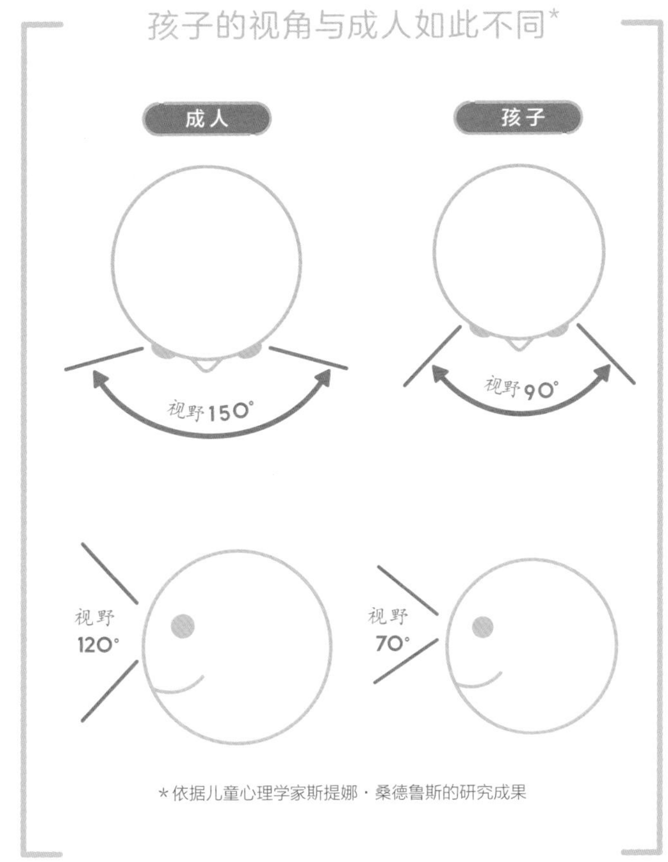

我们可以看出，**孩子的视线范围比成人窄很多。**

如果我们习惯性地轻声告诉他“东西就在你的身后”，“站起来转身再看一下”，那么彼此的烦躁情绪就会减轻很多。

也建议大家养成友善提醒孩子**“最后，站起来转个圈，确认一下”的习惯。**

因素❷ 手指

我们每天催促孩子“快点儿收拾”，“快点儿穿衣服”，却不知道孩子的手指还处在发育阶段。

实际上，孩子的手指相当于戴着两只线手套的成年人的手指。不难想象，如果我们带着两只手套系扣子，拧开紧扣的盖子把东西放进去，把书放回塞得满满的书架，花费很长时间也是理所当然的。用衣架把夹克挂起放回衣柜里，这种对成年人来说“无意中的收纳行为”对手指发育尚未成熟的孩子来说过程相当烦琐，也增加了他们完成的难度。

孩子的外套大多不容易起皱，而且每天都要穿，所以可以直接挂在挂钩上或往筐里随手一放。这种方法对孩子来说简单易行，重要的是孩子可以轻松地独立完成。

孩子的年龄越小，就越需要配合他的手指发育定制收纳方法，并且在时间安排上留出富余。

因素 3

身高

在整理中，孩子的身高理所应当是我们要考虑的重要因素。但事实上，父母（特别是妈妈）帮孩子应用收纳方法时，常以成人的视线进行收纳。

别忘记要以适合孩子的视线、适合孩子的身高来进行收纳。我们心里想着“这是必需的”，但实际收纳物品时早已把这些原则忘在脑后。

孩子的身高每年增长 5~8 厘米。

随着时间的推移，我们要检查以前孩子费劲才能够到地方现在是否已经可以轻松够到，以及是否还有孩子够不着的地方。

孩子可以
学会的
整理术

惯用脑不同，收纳方法各异

生活规划整理术以惯用脑特征为依据为客户提供不同的收纳方案。但是惯用脑特征在学龄前阶段并不是很明显。基本认定，低龄儿童是右脑感性认知的，所以在收纳方法上也可以采用适于惯用脑是右脑的人的方法。

相比电视及网络介绍的方法，即把物品放在相同颜色的收纳盒里用文字标签注明里面的物品（适用于左脑型的收纳方法），我更推荐**使用不同颜色的收纳盒，使用照片、图片制作标签进行收纳（适用于惯用脑是右脑的人的收纳方法）**。如果考虑家里装饰颜色统一，或考虑其他左脑型家庭成员的感受，可以用颜色统一的收纳盒，但是可以在每个盒子里面朝向我们的部分贴上不同颜色的纸进行区分，这样的折中做法既保持了收纳盒整体颜色统一的视觉效果，又照顾到了右脑型使用者的习惯。

特别是对孩子来说，每次玩玩具时，都会把收纳盒里的东西全部倒出。所以在收纳盒里面添加色彩能达到很好的收纳效果。

对于还在识字阶段的孩子来说，不使用文字标签是理所当然的，但即使识字后，使用色彩图形等视觉效果突出的收纳方法一定会达到意想不到的效果。

右图中的惯用脑整理术是日本生活规划整理协会将京都大学坂野登教授的“惯用脑理论”运用于整理中的规划整理的方法之一。

收纳的种类

左脑型的收纳

统一使用不透明的白色收纳盒，采用文字标签“过家家、小汽车、火车”标注盒内所收纳的物品。

右脑型的收纳

使用不同颜色的收纳盒，不用文字标签而是采用图像标签来标注盒内所收纳的物品。

兼顾二者的折中方案

在收纳箱内侧底部用不同颜色的毛毡垫底，视觉上的色彩差异既使物品方便整理，又兼顾外观色调的统一。

孩子可以
学会的
整理术

选出“最重要的东西”，而非“要丢弃的东西”

相信大家经常为“玩具越来越多，孩子却怎么也不愿意扔掉”而烦恼。伴随着成长，孩子对玩具的需求也会发生变化。孩子越来越大，玩具越来越多，玩具箱里已装不下，屋里到处都是玩具。怎么才能让孩子减少一些玩具呢？你会怎么对孩子说出这个想法呢？

经常有妈妈这样对孩子说：“明天是丢垃圾日，把你不要的玩具拿出来。”“这个玩具你一直都不怎么玩，可以扔了吧？”“这个都坏了，不要了吧？”但得到的回答常常是：“我没有要扔的玩具啊！”“我正要再玩一下这个呢！”孩子还一副马上要玩的样子。然后孩子还会说：“最讨厌这样的妈妈！”亲子关系陷入恶性循环。孩子之所以这样说是因为他认为你想扔掉他最心爱的宝贝。

让孩子把“最喜欢的玩具”，而不是“要扔的玩具”放入玩具箱，这样孩子会自然地做出选择。

但其实成年人也一样，当衣柜里的衣服已经快塞不下时，即使知道自己根本穿不过来，也很难在量上做真正的减少。打开衣柜花些时间看看自己的衣服并思量“不要哪件呢”，结果挑来选去，最后只选出三件不要的衣服。

我们可以试试下面的做法。

首先把需要处理的玩具箱里的玩具都倒出来，清空装玩具的箱子。让孩子挑选**“最喜欢和最重要的玩具”，往玩具箱里放，而不是放入“要扔的玩具”**。告诉孩子当箱子装满时再告诉妈妈。

这样，孩子玩具箱里装满的是他珍爱的玩具，而多出来的、不需要的玩具也一目了然。虽然两种做法得出的结果接近，但即使幼儿园阶段的孩子也能深深感受到其意义完全不同。因为这是他们自己做出的决定。

接下来是对收纳箱之外的玩具的处理。孩子有时会同意“这些玩具我不要了，送给其他小朋友吧”，这是理想中的情况。但是如果孩子不同意处理这些玩具时，我们该怎么办呢？我们可以将这些玩具先放入纸袋中，暂时存放在储藏室或孩子看不到的其他地方。过一个月后，再次询问孩子“这是上次咱们收拾出来的多余的玩具，你想怎么处理”。孩子可能这样回复我们：“我已经不玩这个了，请扔掉吧。”也许孩子还会说“我还是需要这些玩具”，但是经过时间的筛选，孩子与物品本身已经产生了距离，可能会留下一些玩具，但已经不会留下整个袋子里的玩具。他们已经习惯现有玩具的状态，对于凭空多出来的玩具他们会挑选出一两种放入现在的玩具箱中。这也不失为一个很好的折中法。

根据现有的收纳空间思考如何调节物品的量，折中法是整理的重要方法。现实中它对成人来说也是有难度的。

在此应注意，不论是前者以“从扔东西开始”，还是后者“以选择最重要的物品开始”，所要做的均为“减少物品”。对于物品的去与留，折中法的第一步则是“选取最重要的物品”。

选取重要的物品

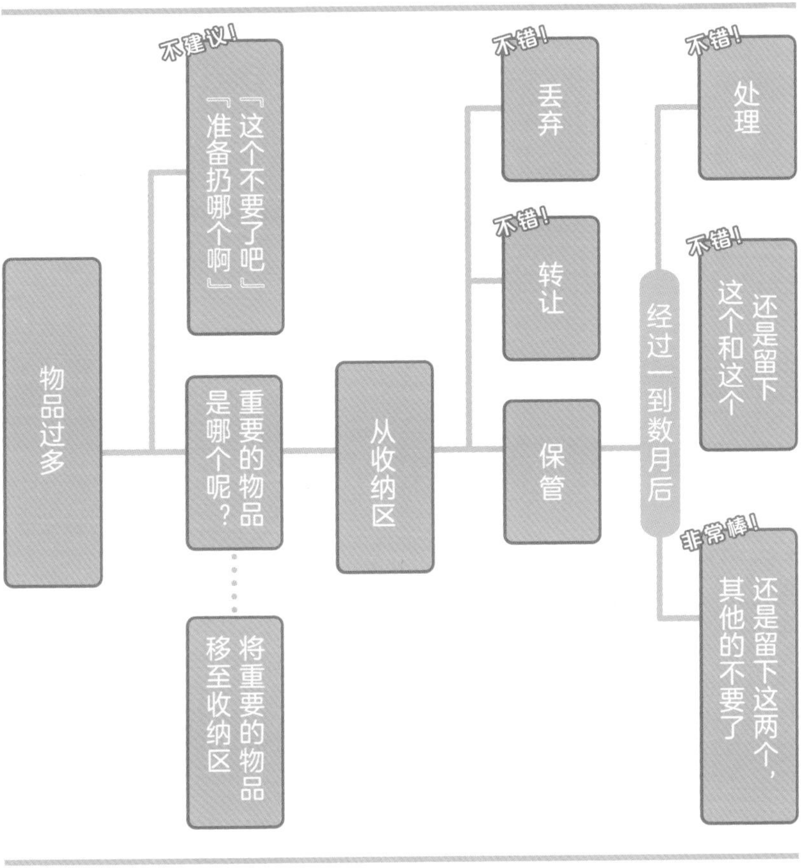

物品过多

不建议！『这个不要了吧』『准备扔哪个啊』

重要的物品是哪个呢？

将重要的物品移至收纳区

从收纳区

不错！丢弃

不错！转让

保管

经过一到数月后

不错！处理

不错！还是留下这个和这个

非常棒！还是留下这两个，其他的不要了

再者，选择这个方法既不需要借助物品又不怎么花时间，只要和孩子说一下然后将物品放入袋子里即可，不需花费任何成本。

孩子可以
学会的
整理术

“易归位”比“容易找”更重要

曾经有人问，在整理方法里“容易找”与“易归位”哪个更重要，结论是“易归位”。

何以得出此结论呢？当我们将用完的物品进行归位时，摆在眼前的是我们已经用完的物品，此物品目前对于我们来说已经没有用了。此时，如果没有简单易行的收纳方法，我们就会随手把它放置一边。而在寻找物品时，我们当下需要这个物品，对于需求我们会想方设法去满足，这也是人类的本能。所以杂志和电视节目中介绍的细分收纳法视觉效果可能还不错，没准还便于找到物品，但是对于孩子来说“一个盒子一个区域，容易归位的大致收纳法”更行之有效。

尤其对于思维切换迅速的男孩来说，其特征是时刻处于“接下来做这个，然后做那个”的状态，“易归位”的收纳方法尤为重要。

沟通中使用“我信息”，整理时使用“你信息”

当孩子做危险的事情时，我们不能说“（你）为什么总是做这样的事情”，“（你）总做那样危险的事情可不行”，而是应该表达“如果你做这样危险的事情（妈妈）会很担心”，“虽然说了好几遍，但妈妈还是想告诉你，你这样做，妈妈真的很难过”。使用“我信息”让孩子感受到的不是被责备，而是体谅自己的行为给对方带来的感受。

但是在整理时效果截然相反。在整理时，不应使用“我信息”。“（妈妈）觉得把这个扔了比较好！”“这个方法（妈妈）觉得特别好！”和孩子一起整理时，要多使用**以孩子为主体的“你信息”**，比如“（你）认为怎么样”。

收纳的方法是否合适，完全是因人而异。使用“你信息”可以了解并尊重孩子的价值观，这样便找到了适合孩子、取放自如的收纳方法。

孩子可以
学会的
整理术

父母应配合孩子成长的步伐

虽然帮孩子找到了适合他自己的整理方法，也告诉了孩子为什么需要整理，但孩子不会明天马上就能自己整理。整理也需要循序渐进。

首先，家长要自己开始整理，并对孩子说“咱们开始收拾吧”，与孩子确认“这是放玩具的收纳箱”，并且自始至终与孩子一起整理。

让孩子明白所谓整理大概就是做这些事，然后与孩子一起开始整理。整理的过程中妈妈可以暂时告诉孩子，“自己要去把衣服放进洗衣机”，但最后整理结束时妈妈应再次回到孩子的身边。也就是，妈妈要在孩子开始整理时和整理结束阶段协助并陪伴。

孩子渐入佳境，慢慢养成整理的习惯后，妈妈只需语言提醒他开始整理，只在结束时需要妈妈陪同。最终，妈妈只需轻声提醒孩子，孩子就可以自己整理。此时**终于达成小学生自己完成整理这一目标了。**家长有时候会误解，以为教过孩子如何整理，孩子就可以做到，实际上他们需要循序渐进地达成整理的目标。

第3章

2~12岁

不同年龄段的整理术

2~3岁孩子的

整理要点

孩子可以搬运玩具时，即可开始整理

孩子从喜欢大人手中晃动着的拨浪鼓，过渡到自己可以兴奋地走路，挑选玩具、搬运玩具玩时，就可以为孩子准备收纳玩具的空间了。

起初，可以在房间的一角，或在客厅里放置一个盒子作为收纳玩具的空间。当年我在客厅的墙边放了一个可以装下一岁长子的大盒子做为他的玩具空间。

当有玩具的收纳空间时，孩子便开始自己整理玩具。经常会有人问我：“孩子从什么时候开始整理比较好？”我会回答：“当孩子可以自己搬运玩具时，就可以开始整理了。”

在房间或客厅的一角放个大盒子来收纳玩具，从此开始整理。最初的玩具比较少，不需要进行细致分类，只须将玩具放入盒中即可。当孩子可以搬运玩具时，便可以开始自己整理物品了。

常常看到有的妈妈对蹒跚学步的孩子说“把这个整理好”。这样无论说多少次，孩子也不明白整理到底是什么。想要告诉孩子什么是整理，需要明确三个要点。

2~3岁孩子的
整理要点

教会孩子整理的三个要点

1 具体化

上文讲过，对孩子说“把这个整理好”是无法让孩子明白整理到底需要做什么的。

要具体告诉孩子，“请把这本绘本放到书架里”，“把这个玩偶收到箱子里”，“把这个玩具放进这个袋子，然后把袋子再放到那边的箱子里”等。起初，要告诉孩子把什么物品放在什么地方和怎么放，把步骤描述得越具体、越细致，孩子越能慢慢理解，“哦，原来这就是整理啊”。

2 拟人化

为了让孩子对整理不抵触，培养且提高孩子对整理的兴趣很重要。为此，可以采取拟人的说话方式。

把它变没喽！

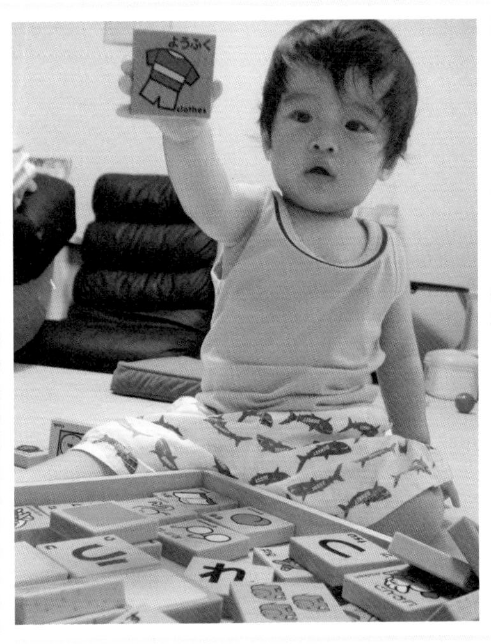

不要求孩子把玩具整齐摆放，孩子只要能把玩具放回原来的地方就可以。用孩子容易理解的话来交流，比如“把它们从这儿变没了”，“咚，一下子变没了”等。

我好想回家啊！

除了单纯使用拟人的方法外，父母使用玩偶对孩子讲话，会大大提高孩子的兴趣和干劲儿。比如，父母可以用玩偶对孩子说：“回到自己家好开心啊”，“谢谢你帮我回家”。在孩子整理的过程中，有玩偶陪伴，整理的效果极佳。

两三岁的孩子玩完玩具后，如果我们对他说“玩完玩具后放在这里，对吗”（下次他可能会找不到），孩子可能会不理睬你。如果换另一种说法，如跟孩子说“玩具们找不到自己的家，伤心地哭了”，孩子会更容易理解。

上幼儿园的孩子可以把玩具分别放入不同的收纳箱。当玩具被混入其他箱子时，我会对孩子说：“宝贝，早上客厅的沙发上坐着一个不认识的叔叔跟我们打招呼：‘嗨，早上好啊’，你会说什么？”我们可以用吸引孩子的语调夸张地说这句话。孩子的反应可能是“我讨厌不认识的叔叔坐在我家”，然后，我们一边说笑一边一起整理。用“讨厌家里不请自来的陌生叔叔”这个话题，启发孩子学会把同类物品放入同一个箱子。

3 | 绘本

父母认为绘本可以帮助孩子学习知识，但孩子只愿意看那些他们觉得有意思的绘本（没意思的书碰都不会碰）。所以希望让孩子了解某方面知识，可以不露声色地将相关的书放到孩子的书架里，润物无声地融入孩子的生活中。注意千万别自认为所做的事情有益于孩子学习，便理直气壮地强迫孩子去做。我们可以时常请孩子读书给我们听，或者主动与孩子谈论相关的事情。

选择有趣的绘本是妈妈的工作。但如果孩子主动拿来一本书并说“帮我读这本书吧”，可千万别错过这个好机会。一定要认真地投入其中，绘声绘色地讲给他听。

开心整理的绘本推荐

通过趣味绘本让孩子学习整理的基本方法

《变身玩具》

这是一本对孩子来说特别搞笑的绘本！很有感染力的图片深受孩子喜爱。书中将整理的重要部分“珍惜物品”和“用过的物品要归位”进行了细致讲解。

《NANA 的整理》

书中将整理过程中“固定位置”的环节描述得简单易懂，并说明了孩子掌握整理方法的重要性。

《开心整理》

书中用“前一后”表示分类，非常有趣。书中还有大量幽默的图片。读这本书的时候，大人也会说：“这个东西也可以分类？”这是大人看了也会觉得很有趣的一本书。

4~6 岁 入园后的孩子

4~6 岁孩子的
整理要点

从幼儿园所需相关物品入手，学习自己整理

孩子初上幼儿园，孩子和家长便开始按时按点地生活。每天清晨的准备工作和出发时间，都让家长和孩子手忙脚乱。“做早餐比预想的要花更多时间”，“换件衣服也要这么久”。起初，孩子上幼儿园所花的准备时间远高于我的预期。当然，我那时也不习惯给孩子准备早饭，每天清晨就像打仗似的无比紧张。

正因如此，我才更想找到一种收纳方法——以孩子的立场思考的“收纳方法”。通过这种方法，孩子可以独自取放幼儿园园服及上幼儿园所需物品。这种方法既适合孩子又能让孩子有兴趣并愿意去整理。

在幼儿园，孩子成长得很快。从最初连扣子都不会扣，每天清晨都要帮助他，到后来别说准备幼儿园园服，幼儿园毕业时他已经可以自己准备第二天上幼儿园所需物品了。

此阶段收纳方法的要点是，将上幼儿园需用的所有物品都集中在一处。这样，孩子马上就能做好去幼儿园的所有准备。

应将孩子上幼儿园需要的所有物品都集中在一起，比如幼儿园园服、书包、帽子、毛巾、罩衣……孩子刚刚入园时可能还不能自己准备次日的物品，不用着急，我们的目标要设定为协助他逐渐可以独自完成整理。孩子所要做的就是把所需的相关物品集中在一处。

集中放置幼儿园物品的位置最好选在客厅或父母可以看到的地方，而非儿童房。因为要上三年幼儿园，所以推荐使用收纳柜或利用撑杆做成的简易衣橱来进行收纳。孩子有了自己的专属收纳空间，也会大大提升干劲。

孩子能够自己整理幼儿园物品的方法

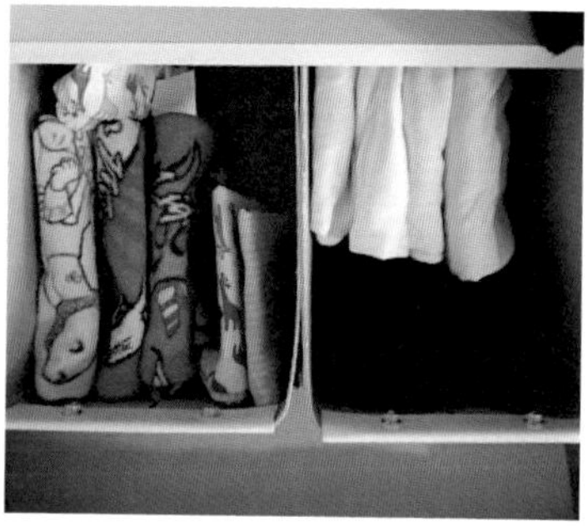

只需挂一下，
放一下

为了拿取自如，不要把物品摆放得过满。一个区域放一个盒子。左边是每天要准备的毛巾和罩衣，右边是每天早上要换的内衣和袜子。

一目了然

将幼儿园用品集中收纳，只将帽子挂在S型挂钩上，鞋只要往下面的柜子里一放，简单易行。用挂钩挂不易出褶的制服上衣。在简易收纳箱里加装挂衣杆便可完成以上物品的收纳。

图案做标识，
一看就明了

即使不认字的孩子，看到图案也可自己完成物品收纳。购买纸质文件箱，孩子可以印上自己喜欢的图案。

4~6 岁孩子的
整理要点

巧用整理歌作为背景音乐

入园后的孩子初次体验集体生活，如海绵吸水般地大量吸收知识，家长也会收获“居然会做这个”的连连惊喜。

实际上这也是绝好的机会，将幼儿园所学习的方法应用到家中并不断强化，就能自然而然地形成习惯。上页图中将衣服直接挂在挂钩上的方法就是孩子在幼儿园学到的。还有一个特别有效的方法就是播放整理歌。孩子所在的幼儿园里，音乐响起就是结束玩耍、开始整理的标志。日日如此，孩子便形成了条件反射。所以我也下载了相同曲目。开始整理时，我便开始播放这首歌。

最常见的烦恼是“孩子迟迟都不开始整理”。与其絮絮叨叨地在孩子耳边说“收拾一下”，不如轻声告诉他“现在开始播放音乐，结束时你是否能把东西收拾好”，这样，孩子更能愉快地进行整理。

4~6 岁孩子的
整理要点

“预备——开始”，设定比赛模式

播放整理背景音乐的方法也不是每次都奏效。孩子在幼儿园和在自己家的表现有时会不一样。孩子在妈妈面前说“还没好呢”，“等一会儿，就一会儿”，“稍等一下”等撒娇的话也没有关系。

此刻有效的方法是说“咱们一起收拾吧”。孩子最喜欢和别人一起做事。本来没有兴趣整理的孩子也应邀而至！如果尚未吸引到孩子的注意力，可以再加上“咱们来比赛，一起收拾吧，预备——开始”。男孩子对比赛超有兴趣，他们尤其想在竞争中取得胜利。

在我家这招不仅适用于整理，在其他方面也能发挥作用。比如孩子换衣服非常慢，经常穿一只袜子就歇半天，脱睡衣也要休息一会儿。尤其寒冷的冬天，经常光溜溜地在床上发愣，作为妈妈实在看不下去，也会担心他感冒生病。虽然提醒他“快穿衣服”，但对他来说这简直就是“耳旁风”。

每当此时，我会说“预备——开始，开始穿衣服”，非常有效。准备和他比赛时，我还会故意说“我要把头发扎起来大干一场”。

4~6 岁孩子的
整理要点

如果为孩子准备了做手工的工作箱，也要准备作品箱

孩子入园以来对做手工热情高涨，做手工已经被列入“一年间最喜欢玩的游戏”的前三名。做手工可以启发孩子独立思考，也深受父母欢迎。但说实话，做手工所需要的工具、材料种类繁多，而且整理完成的作品也是令人头疼的事情。

为了让孩子在尽情享受快乐手工的同时，也可以自己收拾并整理完成的作品，需要分别准备手工用的工作箱和收纳手工成品的作品箱。

工作箱集中收纳孩子做手工时所用到的相关物品，比如剪子、胶水、胶带、笔等工具，还有折纸、废弃打印纸等材料。大人如果跟孩子一起做手工，需要另行准备成人专用的工作箱。孩子和父母分别使用各自的工作箱，就无须顾及彼此。孩子有自己单独的工作箱，用自己喜欢的东西既开心又有责任感。用完后自己负责收拾，不收拾好工作箱的话下回使用时会很麻烦。

孩子经常在餐桌上做手工，所以将工作箱和作品箱的位置固定在厨房操作台下面的柜子最下层。

工作箱的位置最好在孩子做手工的位置的附近。我家的工作箱放在厨房操作台下面柜子的最下层。孩子每次并非在自己房间做手工，而是喜欢在餐桌上或客厅地板上做。从厨房拿出工作箱到客厅、餐厅都很方便。做完手工，将所有工具和材料放入工作箱，移至厨房，物归原位。如果把各种工具及材料放入工作箱，混杂在一起不好拿，而且工作箱容易乱成一团。在此，有个小妙招：可以在杂货店购买纸质文件盒，再放入工作箱内进行分区（根据工作箱的高度裁剪纸质文件盒），分别装入工具和材料，在工作箱内的分区里进行大致收纳即可。

工作箱最好不要盖子，这样可以减少操作步骤，便于取放，对于孩子来说容易操作。有人可能觉得箱子内部再做分区比较麻烦，而采用有许多小抽屉的收纳工具。虽然这也是一种方法，但是对于孩子来说，拿着它移动还是有难度的。

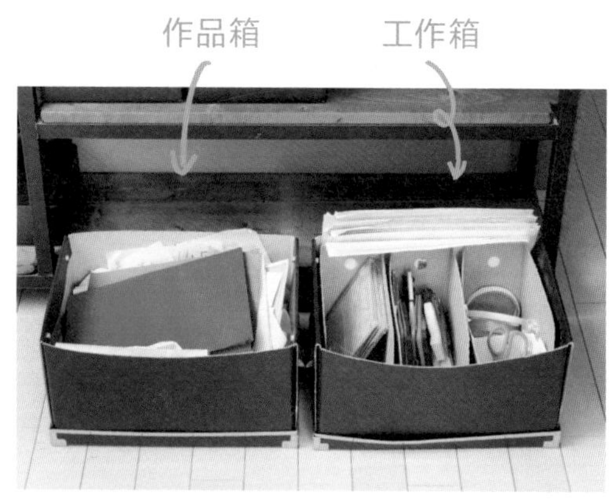

把纸质文件盒（杂货店里可以买到）放入箱子里，可以分别收纳文具、工具等。箱子里的空隙可以放单面打印纸。将纸质收纳盒的盖子取下，套在盒子底部，便于取放。

接下来是对作品的保管。家长希望锻炼孩子的动手能力，耐心地坚持做完手工，真正完成作品后“就这么扔掉吗”，家长和孩子多少会觉得可惜，但是如何保管作品又是件令人头疼的事。我会在工作箱的旁边放置一个作品箱。起初，用来保管作品的作品箱是空空的。慢慢地，当作品越来越多，作品箱已经放不下或作品箱已被塞得满满的时候，孩子自己就会对里面的作品进行取舍。

类似折纸这样的小作品，作品箱里可以盛下几个月的小作品。孩子几个月检查一次作品箱，自己处理不要的作品，作品箱里放不下的作品不会出现在餐厅、客厅等地方。所以说有工作箱的同时一定要准备作品箱！只是增加了一个箱子，孩子可以慢慢地做手工，做完又可以自己收拾，作为父母也应该尽心为孩子打造一个专心做手工的环境。

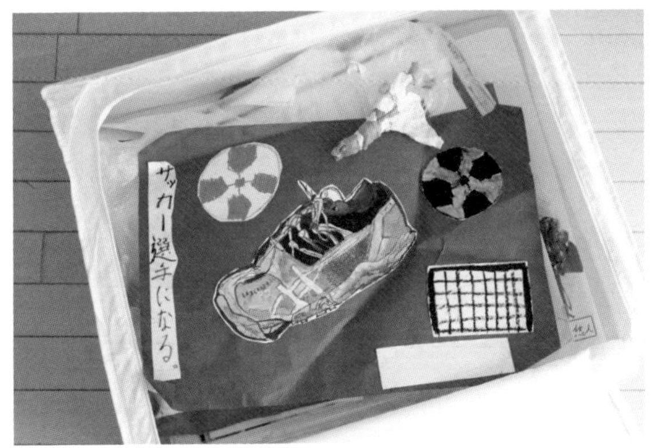

将孩子在幼儿园绘制的画和完成的手工作品等放在收纳盒里，从幼儿园到小学九年的作品都可以收纳于此。

常常困扰大家的另一个烦恼是“如何保管孩子在幼儿园或学校的作品”。将每个作品拍照保存，然后再把纸质作品处理掉的方法虽然可行，但是有的时候工作量实在太大，我觉得太麻烦，便果断放弃了这个方法。

针对这种情况，我家的处理方法是往收纳盒里一放就行了。所使用的收纳盒是上面有带拉链的长方形收纳盒。每次拉开拉链，将绘画作品收纳其中，尺寸也恰到好处，使用起来非常方便。孩子从幼儿园到小学六年级的作品，包括立体作品全部收纳在此。

最初，想从这期间留下的作品中选出最爱的 10~20 件，为每个孩子制作一张作品海报，然后将其余的作品全部处理掉，但发现收纳盒可以完好地收纳全部作品，将这些承载着孩子童年记忆的作品全部保留也是可以的。随着时间的流逝，想处理一些作品时发现，经过时间的洗刷，它们变得更加珍贵了。

4~6 岁孩子的
整理要点

我家的回收箱位于走廊，箱子的高度是次子也能往里放物品的高度。使用的是宜家收纳盒。

巧用回收箱

我们常会误认为“处理物品等同于扔东西”，其实不然。“处理”意味着“转让、卖出或丢弃”等选择。如果将处理物品定义为扔东西就会扩大其难度。我们需要让孩子知道有些不要的物品在别的地方会重新被使用，或换一种方式也能重新被使用。为此我在家中准备了回收箱。

在家里，大家共享一个回收箱，我自己会把“即将处理的物品”“孩子穿小的衣服”等物品暂且放入回收箱。孩子对于不要或准备送给别人的东西，又或是准备拿到跳蚤市场售卖的东西，都会在自己认为合适的时机，放入回收箱里。

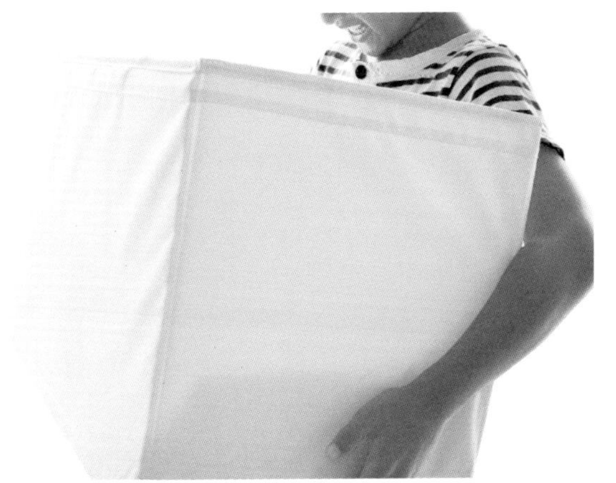

直接抱着回收箱去二手市场，将回收箱的开口朝外，回收箱即刻变身成陈列柜。售卖结束后，可将没卖完的物品直接拿回家。

人们容易忽视“自己认为合适的时机”的重要性。当我们去二手商店或跳蚤市场卖东西时，问家人是否有想卖的东西，这种情况就是让家人配合我们的时机。有时对于之前本想处理的物品，在拿出来准备处理的那一刻我们会突然改变主意。如果让孩子按照自己的需求，不在意方法、分类等，只将想处理的东西一概放入回收箱，孩子会自己仔细思考，也会保持与物品之间的距离。在购买物品或决定如何收纳时，孩子有很多机会自己思考并决定。处理物品时同样也需要自己斟酌，这自然而然地培养了孩子的决策力。回收箱的存在也为我们去售卖提供了便利，我们可以直接端着箱子去，简直是一举两得。

4~6 岁孩子的
整理要点

把在杂货店购买的铁环钉在玩偶上，玩偶一下子就被牢牢地吸在了磁条上。

以游戏的形式让孩子开心收纳

每当对孩子说“快点收拾”的时候，孩子的兴致是把玩具拿出来，即使平时不太玩的玩具也会拿出来。孩子对于自己喜欢玩的游戏，即使困得睁不开眼也会忍着继续玩，这对孩子来说可能是再正常不过的事。我们恰巧可以利用这点，采取孩子喜欢的游戏方式进行整理。为此我也很关注孩子现在“喜欢玩的游戏”是什么。

我将磁铁的功能运用于收纳——把磁条钉在墙上，用磁条吸住玩具的方法进行收纳。当物品靠近磁条时一下子从手中被吸走，这种感觉真的很奇妙。这种方法与操作简单的挂钩收纳方法相比，不需要对准挂钩的固定位置，操作更简单、随意。

至今兄弟俩依然喜欢磁铁拼插玩具。

对于小学六年级的孩子来说，磁条收纳的方法仍然是他最喜爱的方法。孩子会把自己的钱包、自行车钥匙等往磁条上吸。至今，孩子依然很喜欢磁铁拼插玩具。

使用皮筋来收纳玩具剑也是收纳秘诀。男孩子对刀剑情有独钟。去海洋馆时心爱的纪念品是剑，去庙会买的纪念品也是剑。在我家，刀剑等长棍形玩具有不下 5 个。

这种长棍形的玩具收纳起来还真是麻烦。竖着收纳它们容易倒，横着收太占地方。估计这是养育男孩的家庭最头疼的事。我曾试着将这类玩具收纳在伞桶里，后来孩子们把伞桶也拿来一起玩，危险系数升级，于是我断然放弃了这个方法。当时孩子间正流行玩皮筋，于是我想出了皮筋收纳法。

将在杂货店购买的宽皮筋固定在某处，把刀剑等插在皮筋处来收纳。以前宽皮筋的位置是固定在壁橱里的隔板上，壁橱的底层是孩子们的玩具收纳区。现在皮筋的位置是被固定在双层床的中间床板的底部。把多条皮筋交叉固定在床板底部可以收纳刀剑等长棍形玩具。这种方法的关键是将皮筋固定成“八”字形，常见的长短刀剑均可插入。皮筋收纳法深受孩子的好评。自从使用了这种方法，孩子每天都很乐意收拾刀剑。孩子的小伙伴们来家里玩时，也会争先恐后地要收拾刀剑。

当然，收纳所有物品都采取游戏的方式是不可能的。对于孩子常用或经常乱放的物品，还是值得去开动脑筋尝试一下游戏的收纳方法。

根据孩子喜欢往缝隙插入东西、喜欢插棍的特点来收纳转笔刀。

有人可能会想转笔刀还用得着收拾吗？孩子常用的蓝色转笔刀放在餐厅的架子里，这看上去总让人觉得有些不协调，于是我们将转笔刀收纳在盒子里。在盒子里放入转笔刀，将盒子本来贴标签的部分用刀切掉，正好可以将转笔刀的插孔与盒子镂空的地方对准，这样从盒子外面把铅笔插入转笔刀的刀孔，可以直接削铅笔。演示成功后，孩子们很兴奋，以前常常会忘记削铅笔的孩子们现在每日都享受着削铅笔带来的快乐。

快乐削铅笔

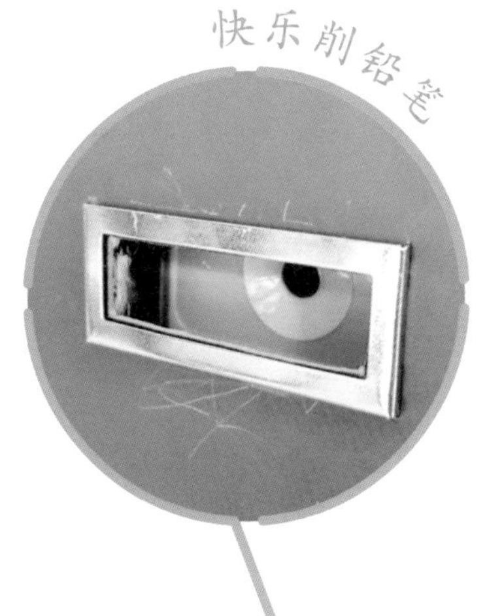

将盒子贴标签的地方切掉，将转笔刀放进盒内，对齐镂空处，插入铅笔刚刚好！

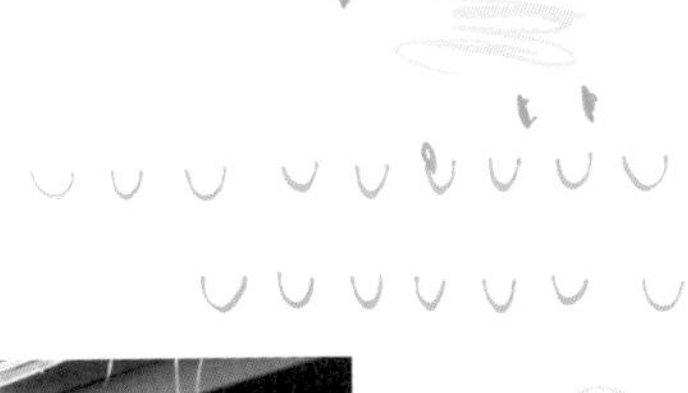

将麻烦的削铅笔变得有趣了，孩子也养成了每日削铅笔的好习惯。

常见的“男孩玩具收纳”

小汽车

可否移动收纳：◯　重量：重

这类玩具属于可投入收纳箱里进行大致收纳的一类玩具。每辆玩具小汽车自重大，玩的时候，需要同时使用很多辆，使用小尺寸移动收纳筐最合适。这种收纳筐便于搬运。照片中的收纳筐是 11 年前购买的。

球类

可否移动收纳：◯　重量：轻

球类玩具本身体积大，所以要用大盒子收纳。可采用直接投球进筐的方法收纳这类玩具。收纳盒的开口要大。为便于移动，收纳盒自重要轻。

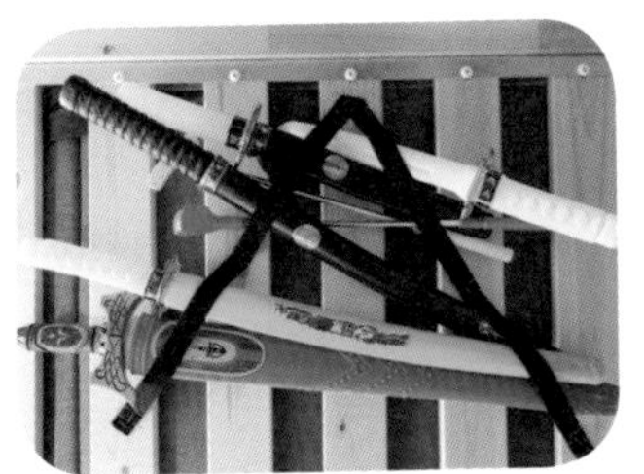

刀剑类

可否移动收纳：◯
重量：有轻有重

长棍形玩具基本以刀剑为主，很难与其他玩具放在一起，也很难单独摆放。推荐皮筋收纳法。

拼插玩具

可否移动收纳：◯　重量：轻

乐高等拼插玩具的零件比较多，收拾起来费劲，为此推荐大致收纳法。玩具本身自重较轻，因此可以选用大盒子收纳。最好还有空间能装下拼插作品。

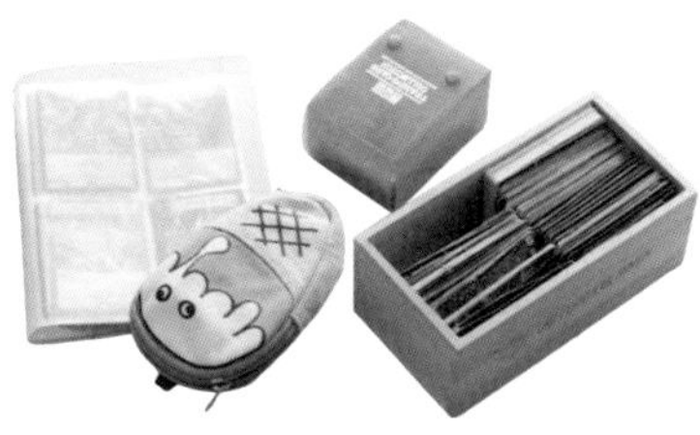

卡片类

可否移动收纳：室外也可以
重量：轻

孩子收卡片的方式因人而异。有的喜欢把卡片全放入空箱子里，有的喜欢把卡片放在卡包里。次子是卡片控，他能根据自己的玩耍场所，采用不同的收纳方法。

4~6 岁孩子的
整理要点

将无法分类的玩具放入万能箱

我作为规划整理师协助客户的孩子一起进行玩具整理时，常遇到的一个问题就是，对于无法分组和分类的赠品玩具，孩子不知如何收纳。

像小汽车、铁刀、英雄玩偶等物品，可以顺利地分类并且按类别贴标签收纳，将收纳盒放入固定位置，但是对于无法分类的赠品玩具，却没有固定位置收纳，这也是造成房间凌乱的原因。

通常对待这些物品的态度是“暂时先放在一个地方”，“赠品一般不太结实，马上会坏，所以先凑合放在那里”。如果为其设置固定位置存放，这种难分类的玩具就会一直出现在某个地方。可以做一个万能箱来存放所有无法分类的玩具，这样家里所有玩具都有“家”可回，都有自己的固定位置。我家里有两个万能箱，一大一小。

将赠品玩具等无法分类的玩具都集中放入小尺寸的万能箱。这样，孩子就不会因为没有固定位置而随手乱放赠品玩具等无法分类的玩具了。

如此一来，孩子每天都很开心地管理自己的玩具。不知不觉中万能箱里的东西日益增多。当收到的生日礼物是铁道玩具、插片玩具等时，可以将其分类。日积月累，万能箱装满的时候，孩子正好可以实践前述的整理过程中“选取最重要的东西”的部分。

整理装满玩具的万能箱，日复一日，万能箱再度变满，然后再做整理。只要注意到万能箱，就会去整理玩具，日常对玩具整理就足够了。

相比稍不注意就会影响到整体空间的布局环境，保持局部空间整洁更为有效，而且压力不会太大，孩子也可以做到。

7~9 岁
小学低年级学生

7~9 岁孩子的
整理要点

找到书包的固定位置

很多人为孩子升入小学后学习桌、书包的摆放位置而烦恼。每年 1 月至 3 月（日本新学年是从 4 月开始），因书包的空间位置来找我咨询或让我提供上门服务的客户就会增加。在看完各类样式的学习桌后，可以不急着做决定是否购买。可是上学用的书包 4 月一开学就要每天使用，需要提前确认其固定摆放位置。

首先，困扰客户的是将学习桌摆放在孩子自己的房间好，还是放在客厅附近好？我们先要想象一下孩子一天的活动：在哪里做作业呢？从学校回家在哪里玩儿呢？在自己的房间里都做什么呢？可能很多家庭在孩子入学前从来没有想过这些问题。如果这样，可以先暂定一个学习桌的位置，半年后再看看家人的反馈如何。

根据孩子的活动路线来决定书包存放的位置，是孩子自己可以整理的捷径。

我家孩子的双肩书包固定放在对着客厅的日式房间里。不仅从客厅到此很方便，而且书包位于隔扇后面的角落里，不易被看到零乱的一面。

即使孩子有自己的房间，父母也不必事事要求他在自己的房间完成。不用刻意要求，到了青春期，他会只愿意待在自己的房间。

在我家，孩子几乎每天都在客厅完成作业。每天从学校回家就马上出去玩耍，儿童房对他来说就是“睡觉、换衣服、准备课外活动、随时邀请朋友来玩”的场所。孩子平时基本不在自己的房间活动，选择离客厅近的地方收纳书包对他来说是最适合的。因为离他活动的地方近，收拾起来也方便。

决定了书包的位置后，把书本等在学校使用的物品都集中在此处。收纳方法比选择位置还重要。千万别太复杂，应该选择孩子可以简单操作的收纳方法。

上学双肩包收纳空间图解

中间部分和最上面的一整层是兄弟二人的共用空间，收纳共同使用的图鉴类书籍。共同空间中的小抽屉里存放餐巾纸、备用文具等二人共享的物品。左下边两层是长子的空间；右下边两层是次子的。这里是收纳教材与书包的固定位置。书包上面空出的位置放洗干净的运动服等，方便取放。最右端的竹筐临时存放从图书馆借来的书。

零用钱管理表也收纳在此

零用钱管理表放在教科书的旁边。将零用钱管理表夹在活页夹里，连同活页夹一起放在文件夹里进行收纳。

共用的文具库存区域

将新的铅笔、橡皮与订书器等其他文具分开进行收纳。下层：存放兄弟二人的手帕、纸巾。为了颜色搭配和谐，我将组合抽屉涂成了黑色。抽屉上面的空隙处放学习机。

巧用滚轴移动板

为了有趣又能轻松地取放书包，我们将移动花架上加一个板，将板的表面涂成黑色，自制成滚轴移动板。书包放在板上进行收纳。

7~9 岁孩子的

整理要点

如果一开始对孩子说“不收拾就扔掉”，那就坚持到底

我讲课时常会有人问：“可以对孩子说‘东西不收拾就扔了’吗？”（可以随便扔掉孩子的东西吗？）我认为可以。实际上，在家里我扔过两次东西……但是如果真的决定这么做，妈妈一定要演到最后。在育儿的道路上，妈妈很多时候不得不像演员那样表演。如果需要表演就施展出最好的演技吧。

原来“不收拾就扔了”这句台词在我们脑海中呈现的是，“物品用完不收拾都摆在外面，很容易找不到，或被谁不小心踩坏，最后着急的还是你”。当然，有时这句话是妈妈看到乱七八糟的房间生气时说的话。

话说回来，前者的想法是想告诉孩子“自己要好好保管重要的物品”，如果想让孩子体验深刻，那就真的把物品扔掉，不要让孩子觉得“妈妈总是嘴上说‘不收拾就扔了’”。当孩子问“妈妈，我的玩具找不到了！妈妈知

道在哪儿吗”时，妈妈就要开启演员模式，温柔地回答：“啊？我也不知道啊。这里和那里都找了吗？看看那里有吗？”儿子会着急地问：“真的没有，妈妈真的不知道它在哪儿吗？”妈妈要装作想起来的样子：“呦！是不是被我扔了？今天打扫房间时以为那是垃圾就给扔了，真的对不起啊。”

之后即使孩子发牢骚，我们也要坚定地说“真是不好意思，以后你要注意保管好自己的玩具，妈妈也会注意的”。语气可以夸张些。孩子心里会想：“不自己收拾东西还真不行，我这妈妈也太不靠谱了。”后来孩子送给我一个“糊涂妈妈”的称号。

当然作为专业人士并不推荐大家总是扔东西，但是偶尔投入地演上一次还是很有效果的，可作为“终极武器”试着用一下。

7~9 岁孩子的
整理要点

根据物品使用频率分类收纳，利用三层收纳筐收纳游戏机

我家有个美观的三层收纳筐套装。乔迁之时，我饶有兴致地想把自己的新居打造得时尚美观，特意购买了这个很可爱的收纳筐套装。但实际使用过程中，我发现每次如果不把上面的两个筐先拿下来，最下层筐里的物品根本没法拿出，华而不实简直就是这筐的硬伤。冥思苦想中我找到了它的用途——收纳孩子的游戏机。

每个家庭对待孩子玩游戏的态度都不同。对允许玩游戏、什么时候玩等问题，每个家庭的原则各不相同。当初，我们夫妇俩觉得家住郊区，孩子在外面玩也不错，没有必要买游戏机。

但在长子上小学一年级的时候，我看到他在同学家被游戏吸引得完全走不动的样子，便与先生商量："现在，同学家里基本都有游戏机，智能手机里的游戏也比从前更贴近我们的生活。与其杜绝孩子玩游戏，不如让他学会如何对待游戏，恰到好处地把握玩游戏的分寸才是更重要的。"

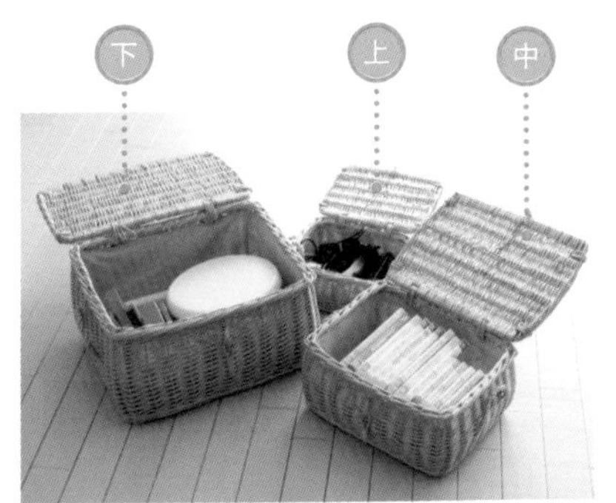

上 使用频率高，收纳遥控器

中 使用频率中等，收纳游戏光盘

下 使用频率低，收纳《太鼓达人》中所用的鼓

在长子上小学一年级的时候，我们买了游戏机，并将游戏机的相关配件分别放入三层收纳筐的各层中。

最上层：放置遥控器，第二层放置游戏光盘，第三层放置《太鼓达人》游戏里所用的鼓。

通常放在电视柜里的游戏机主机里会有一张游戏光盘。想玩主机里的游戏时，只需打开最上层的收纳筐拿出遥控器即可。想换游戏光盘时，需要同时打开最上层和第二层。如果要玩《太鼓达人》，需要打开三个收纳筐。**使用最下面筐里的物品时，必然要用到上面两层收纳筐里的物品。这样的收纳方法不会因用最底层收纳筐时要挪动上面两层而觉得麻烦，充分地活用了三层收纳筐。**

对于孩子来说，这种收纳方法正好符合他们的使用习惯，所以使用后可以轻松地把收纳筐还原。

在此之前，我用它收纳婴儿用品。第一层用来收纳棉手帕和口水巾；第二层用来收纳清洁湿巾；第三层收纳抱娃背带和外出毯。所以，当需要外出使用第三层收纳筐内的用品时，也需要使用第一层和第二层收纳筐内的用品。

7~9 岁孩子的
整理要点

得益于自家的游牧式写作业方式，孩子随处可以写作业

孩子们在哪里完成学校及课外班留的作业呢？有的家庭孩子在自己房间的学习桌上写作业，但也有很多家庭为了与孩子有效沟通，让孩子在客厅写作业。

在我家，孩子写作业的地方不是限于儿童房、客厅等地方，而是在屋内任何地方都可以写作业。在炎热的夏天，孩子有时还会在通风的走廊地上写作业。换句优雅的名称来形容这种写作业方式就是“游牧式”写作业方式。

长子上小学一年级的时候，还没有自己的房间，也没有学习桌这样的固定学习场所，只能把餐桌当成学习桌来用。但后来我们发现，他在房间的各个地方都写过作业，学习桌（餐桌）的存在形同虚设。几次提醒他回到学习桌（餐桌）上去写作业但不奏效，但后来我们想，“孩子在自己喜欢的地方写作业也没什么不好的”，就不再深究了。

孩子在学校里一整天都坐在课桌前学习，回家要完成指定的作业。如果

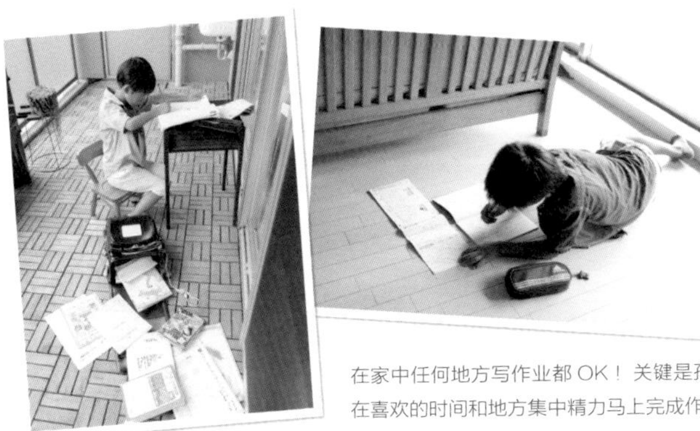

在家中任何地方写作业都 OK！关键是孩子能在喜欢的时间和地方集中精力马上完成作业。

有课外班，孩子还得坐在规定位置上学习。孩子每天都要遵守各种规则，而对于十分钟就可以完成的作业，孩子还要花时间和精力与父母交涉“必须在这里或那里写作业”。我觉得没有这个必要，在这个问题上就给他一些自由吧。我对孩子是不是太宽松了？

我在家里工作的时间比较多，有时候为了集中精力也会冲杯咖啡换个位置完成工作。出于这个感受，我会觉得孩子换地方写作业，也是为了集中精力尽快完成。

我家的规定里重要的是“确保孩子每天能按时完成并提交作业，而不是纠结是否在固定场所完成”。这样做，家长和孩子都轻松。

正因为这种“游牧式”写作业方式，才会出现上文所提到的书包的存放位置是在客厅旁边的房间，而不在儿童房。

7~9 岁孩子的
整理要点

兄弟共用一个学习桌

在我家，孩子虽然采用“游牧式”风格写作业，但实际上也是有学习桌的——兄弟二人共用一张学习桌。虽然在家里哪里都可以学习，但我还是希望孩子们能有个安静的学习环境作为备选学习场所。于是，在长子上小学三年级、次子上幼儿园大班的时候，在打造儿童房时我们购买了学习桌。

一年后，当次子入学时，我们就“是否需要再买一张学习桌”的话题召开家庭会议进行讨论。我们认为在儿童房里并排放两张桌子实在太拥挤，目前学习桌的利用率比较低，却很占地。我认为这一年里长子基本没怎么用过学习桌，“是否可以把这张桌子搬走？”长子却认为，“在学习桌上做数学题，精力更容易集中”，听起来似乎也有道理。

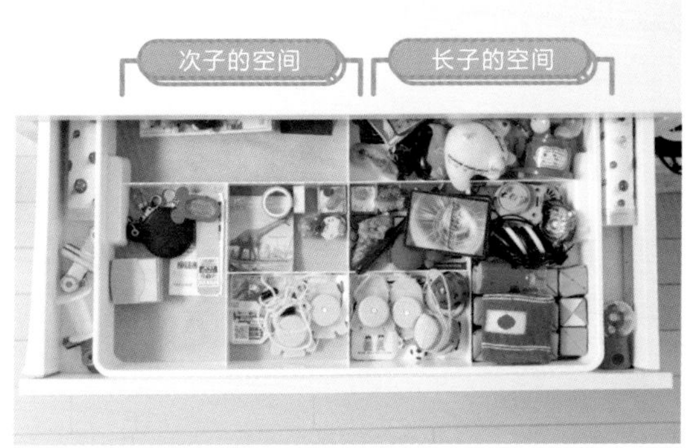

于是我提出二人共用一张学习桌的方案。对孩子来说这是很重要的事情，所以最终的决定权在孩子们的手里。最终在“如果每人有各自的学习桌就必须在学习桌上学习”和“共用一张学习桌，在哪儿都可以学习”的选择中，两兄弟一致选择了后者。

二人最终决定共享一张学习桌。孩子们做出这样的决定主要考虑到房间里摆放两张学习桌的话，空间会变小，会影响他们玩耍。

兄弟二人可以共享学习桌，那么同理也可以共用一个抽屉。在此，我选用了左右对称的抽屉分割盘，用来区分二人的空间。在分割盘单侧底部贴上纸，孩子看一眼就能分辨哪片属于自己的空间。这样，虽然二人共用一个抽屉，共享一张学习桌，却有个性化十足的感觉。二人并不是在这里学习，而是分别收纳各种物品。

7~9 岁孩子的
整理要点

垃圾箱的位置、大小和形状，出乎意料的重要

我们也经常对孩子说，“吃完零食要赶快把包装纸丢进垃圾桶”，“如果不及时丢掉垃圾，垃圾与物品放在一起，我们就会很难找到需要的物品”，“你总是把不用的打印纸装在书包里，书包才盖不上的”。

我们经常因不及时将垃圾丢进垃圾箱而引发各种烦恼。

我们不及时将垃圾扔进垃圾箱的原因有很多，其中一个原因是房间原本就很乱，即使掉点儿垃圾也不太在意。本着“只有这一个垃圾，回头再扔”的想法，不及时处理垃圾，从而形成了恶性循环。

其实，不能及时把垃圾扔进垃圾箱的原因并不止于此，与垃圾箱的位置、大小、形状都有很大的关系。

实际生活中那些“不能及时把垃圾扔进垃圾箱”的客户家里，只要能改进以下常常被忽略的三点，即可做到随时有效地处理垃圾。

从远处便可把垃圾投进去的大开口垃圾箱。放在醒目处也很美观的设计令我很满意。

垃圾箱隐藏在绿植后面，不易被看到。虽然看起来挺美观，但因为不容易看到，孩子们索性不往里面扔垃圾。

问题1 没有垃圾箱或垃圾箱摆放的位置不合理

很多家庭的学习桌附近没有垃圾箱，客厅的垃圾箱也被藏在不易被发觉的角落。有的家庭只有厨房一处有垃圾箱。顺便说一句，在学习桌附近顺手的地方放置一个垃圾箱，扔垃圾真的很方便。

垃圾箱特别小

垃圾箱特别小也是常见问题。常用位置虽然有垃圾箱，但是相对于垃圾的量来说，垃圾箱的尺寸太小。扔垃圾时需动脑筋思考如何将所有垃圾放进去，这让使用者觉得麻烦，索性放弃。如果使用倒梯形的垃圾箱，一扔垃圾，垃圾箱就容易倒，也会导致使用者放弃。

问题 3

垃圾箱的开口太小

为美观而使用小开口的垃圾箱，虽然里面的垃圾不易被看到，但也增加了扔垃圾的难度，这也是导致人们不爱扔垃圾的原因之一。带盖的垃圾箱也存在同样的问题。

其实，垃圾已经是我们以后都不会再用的东西。如果把垃圾箱放得很远，或几经周折才能处理掉垃圾，在扔垃圾的过程中，人们就会嫌麻烦而放弃。倒不如采用无须动脑筋，一伸手就可以扔掉垃圾的方法。

（上）杂货店买的垃圾箱很快就装满了。
（左）带盖的垃圾箱虽然可以掩盖里面的垃圾，但是使用起来费劲，还装不下多少垃圾。

因为在家庭开支的预算内没有找到合适的垃圾箱，我家里所使用的垃圾箱都是我亲手做的——多年前非常流行的北欧风编织筐。当时我想买垃圾箱，但市面所卖的垃圾箱实在不美观，我索性自己做了一个既美观又符合室内风格的编织筐当作垃圾箱。其特点是容量超大，即使有时忘记在垃圾日扔垃圾，也可以持续使用。而且它的开口很大，可以从沙发处将垃圾“投篮”入筐（虽然不允许这样做），命中率极高。

7~9 岁孩子的

整理要点

打造儿童房

每个家庭给孩子准备儿童房的时机各有不同。有的家庭“从孩子上小学开始”准备儿童房，有的“从客厅堆满了孩子的东西时开始准备”，还有的是“从搬家时开始打造”儿童房。一般家庭因孩子上小学而准备属于孩子自己的空间。我家是在长子上小学三年级、次子上幼儿园中班，孩子们提出“想要自己的房间”时，才开始准备儿童房的。

当初与先生商量好孩子提出想要自己的房间时，我们就会马上着手准备。我们要与孩子确认的只有一点：“如果你们有了自己的房间，每天睡觉时不用父母陪，行不行？”

通常很多人认为孩子有了自己的房间，家里就会变得舒适宽敞。但往往事与愿违，即使有了儿童房，“没过多久，儿童房的桌上、玩具收纳区、衣柜都变得乱七八糟”，“为什么孩子有了自己的房间倒经常忘东西”，“总之，孩子完全没有使用儿童房，儿童房完全没有存在的意义，客厅依然乱得不堪入目”。事实上，**只提供儿童房这一空间是不够的，孩子还是不会收拾房间。**

可能你会想：“应该买些更好用的收纳用品或需要什么好方法？”其实比方法更重要的是让孩子喜欢上自己的空间。“我最喜欢这间屋子！这可是属于我的房间。”有了这种对自己房间的眷恋，孩子才会萌生“把自己的物品拿回自己屋”“房间要弄得干净整洁”的想法。所以爱上自己的空间比方法更重要。

打造儿童房的"实况表"

开始！

(1) 意识到需要儿童房

打造儿童房的时机不是“朋友建议给孩子弄间儿童房”，“应该是从孩子一上小学就准备”，而是孩子真正有这个需求才是关键的时刻。

▼

(2) 想把儿童房打造成什么样的房间（记录理想与现状）

用什么样的床？窗帘选用什么款式？思考理想中的室内装饰摆设固然重要，但准备房间前与孩子确认“打算在自己的房间做什么”，“在哪儿学习”，“睡前把客厅的玩具拿回自己房间”等使用原则更为重要，而不是在准备好儿童房后再与孩子确认上述问题。

理想	现状

▼

(3) 把房间腾空（如果搬家，则不需这一步）

将原来的卧室或者储物间改造成儿童房时，首先决定房间现有物品的去向。如果抱有“即使改造成儿童房也可以放这些东西”的想法，改造过程中对空间功能模棱两可，孩子就不会认为这是自己的房间。

房间的形状比我们想象的不规则。如果有图纸，一定要确认我们对图纸的理解与房屋的实际形状是否一致。购买商品时别忘拿自己所写的记录。

▼

儿童房的功能有很多，一定要注意功能分区和家具的尺寸。想象实际生活中的活动场景：“为了开抽屉时人可以顺利通过，需要留出多少富裕空间？”

▼

终于可以购买收纳用品了。即使限制孩子所需物品的最低量，孩子的物品也会逐年增长。所以购买收纳用品时要意识到以后会收纳比现有物品更多的量，并选择容量大的收纳用品。

▼

这里最好与作为使用者的孩子一起商量！“收纳 = 物归原位”，这是孩子每天都要坚持做的事情。如果孩子觉得“这种方法用起来费劲，太麻烦了”，就要考虑其他的收纳方法。

完成！

7~9 岁孩子的
整理要点

通过划分区域打造可以让孩子集中精力的空间

“该换衣服的时候却开始玩玩具”，“以为他在做作业，他却在看漫画书”。每天都要提醒孩子集中精力赶紧做完该做的事后再玩，但为什么每天他的精力总不集中呢？孩子本来有要马上完成的事，可是中途干了别的事而耽误了本该做的事，这样的场景是常有的事。那个时候看到不能专注的孩子，我就忍不住提醒他们：“能不能不让我每天说相同的话？又开始走神了吧？”但总是盯着孩子提醒他并不能解决根本问题，应把焦点放在空间使用方法上。有句话是“要怪就怪这个方法不得当”，就是形容这种情形的。看看清晨该换衣服却开始玩玩具的孩子，在他的房间里，换衣服的地方摆着很多玩具；该写作业时却又看起了漫画，你会发现孩子的学习桌前满眼都是漫画书。

多功能儿童房。相对物品混在一起的空间，在功能分开的区域里孩子的注意力会更集中。

关键是对区域进行功能划分。比如，我家孩子的房间大致划分为睡觉区、玩耍区、阅读区和更衣区。然后在划分好的区域利用墙、书架等打造出隔间，这样孩子自然而然地就知道在哪个区域该做什么。

各种物品混在一起，于是，孩子一会儿看看这个，一会儿又想玩那个。在根据功能划分后的空间里，孩子换衣服的时候，根本看不到玩具，就可以集中精力完成一件事。

7~9 岁孩子的

整理要点

打造让孩子依恋的房间

使孩子爱上自己的房间的关键是与孩子一起打造属于他的空间。不要直接给孩子提供儿童房，告诉他“从今天开始这就是你的房间啦”，而要从设计儿童房到动手装修，都与孩子共同完成。我家打造儿童房有 5 个步骤。

虽然孩子经常一回家把书包一扔就出去玩耍，但基本上他很喜欢待在自己的房间。不存在“好不容易准备了儿童房，却完全派不上用场”的情形。大人也是对自己喜爱的空间有极高的兴致，会想努力保持整洁。正因为对房间的这种依恋，“孩子才会主动想收拾自己的房间”。可以愉快地通过家庭会议与孩子商讨并确定如何装修儿童房。

“双层床放在这儿！”“我要邀请朋友来办游戏大会！”“我想用乐高玩具来装饰房间！”通过给房间起名，孩子更容易扩展思路，想象其用途。

打造儿童房的五步曲

1 起名字

打造儿童房对家庭来说是件大事。当我们决定“准备一间儿童房”时，就要和孩子一起思考给儿童房起名字。单凭给儿童房起名这件事就已经极大提升了孩子对房间的依恋程度。我家儿童房叫“儿童基地”。晚饭时当我问孩子“在儿童基地想做什么”，“儿童基地里想摆放什么”，“更喜欢哪个”时，孩子们会开心地告诉我。

2 “儿童美术馆“开馆

现在的儿童房之前是卧室，当时摆放了床和抽屉柜。在改成儿童房的过程中，房间里空无一物，于是，我们把孩子们幼儿园的画作贴在墙上，变身成“儿童美术馆”。原来一直收纳的作品展示在墙壁上时孩子们别提有多高兴了。他们还特意自制入场券邀请爷爷奶奶前来参观。爷爷奶奶问道：“这间屋子是你们的房间吗？”孩子们掩饰不住内心的激动与喜悦，回答：“等美术馆闭馆后就变成我们的房间了！这里放床！”

孩子们边欣赏着满墙的画边讨论“最喜欢哪一张”。回味的话题有很多，这样的时光也是珍贵的回忆。

3 “儿童电影院”开馆

因为工作需要，我有一台投影仪，恰好在儿童房墙壁空空的时候可以放映影片。于是“儿童电影院”开馆了。

当时放映的是《侏罗纪公园》，孩子们叫来自己的朋友在屋子里准备好爆米花，在地垫上随便趴着、躺着看电影。视觉冲击力很强的超大屏幕，带给孩子完全不同以往的感受，令孩子心旷神怡。

4 刷墙

儿童房在北侧，以前作为卧室时微暗的感觉恰到好处。但是用作儿童房时，北侧的空间就显得比较暗，这就需要把墙壁刷成明亮的颜色。于是，我们召集了想与家人一起刷墙的朋友，举办了一次油漆工坊体验会。将原来的卧室改造成儿童房时，通过粉刷墙壁马上就能改变房间原有的印象。

儿童房中电影院般的大屏幕。孩子们在此有非同一般的体验。我们也经常在这里举办成人专场电影。

使用刷墙专业工具边学边体验。孩子至今提起“这里是我刷的”时，依然很开心。

5 儿童图书馆

虽然儿童房兼具孩子玩耍、学习、睡觉等多种功能，但不要追究其功能，重点应放在打造孩子喜欢的空间上。房间也不需要多气派，准备一个坐垫就行。我家的孩子们喜欢读书，为此特意准备了“儿童图书馆”。孩子本身就喜欢狭窄空间，经常坐在这里低着头看书，心中满是欢喜。

借阅图书的固定位置

读书可以开阔视野，丰富想象力，使精力集中，增强自信，提高写作能力，丰富词汇等，很多家长抱着种种期待希望自己的孩子能够大量阅读。我个人不会强迫孩子读书。我小的时候就很喜欢阅读，并认为读书本身是件很快乐的事。我的次子在上小学一年级时曾被评为“阅读图书馆图书最多的儿童”。当然，性格是一方面；另一方面，我家实行的“图书馆借阅图书的指定席”的方法也有一定的作用。幼儿园阶段，图书馆借阅书籍的固定位置是在书架最下层；上小学后挪到放书包处的旁边，就是客厅旁边放置编织筐的位置。这样一来，就会形成“借来的书放入筐一看到筐就会想读书一看书可真令人愉快一又想去借书”，从而形成了良性循环。去图书馆借书的袋子也一同放入筐内，借阅图书变得很轻松，可以将借书袋“拿起来就走”。此外，我会经常问孩子：“这本书都讲了什么？”他便绘声绘色地把内容讲给我听，他也乐于把书中的内容与我分享。

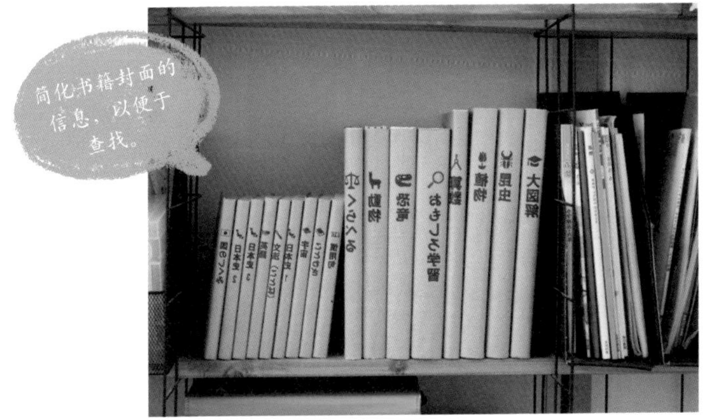

使用吸引人的书皮

如果想让孩子养成读书的习惯，要经常和孩子一起对拿不准的问题多“调查”。这对培养孩子的思考能力很有帮助。让孩子遇到感兴趣的事物，自己通过图鉴、字典等进行查询，并经过思考后得到答案，这也是父母的良苦用心。“收纳标签”意外地发挥了很好的效果。在书脊狭长的部分，除了注明植物、动物等内容之外，还注明出版社名称等很多信息。当然，摆在书店时这些必要信息是为了方便与其他出版社的书做比较，同时也方便读者购买。但一旦把书买回家，许多信息就变得不再重要了。于是，我自己制作了只有“图标 + 标题”的简洁的书皮，对不需要的信息进行了删除。只在书脊上保留最有效的信息，孩子一看就可以了解内容，在检索图鉴时非常方便。孩子经常自己查找图鉴，很容易查找。于是，我将这种方法应用到其他书籍上，即删减封面上的信息。我家书籍的来源五花八门，有的是收到的礼物，有的是别人送给我们的，还有的来自二手市场等。所以，书的尺寸也不同。为了看上去美观，我自己制作了统一的书皮。没想到这样做还能使书籍便于查找，真是一举两得！这就是我家所谓的书架。

以前的儿童房

以前客厅旁边的房间是孩子们的活动场所，隔扇门通常是敞开的。外侧的隔扇门上用贴布做装饰，另一扇敞开的门用垂下来的布起到遮挡的作用。照明灯上加艺术灯罩，防止球撞到灯上。

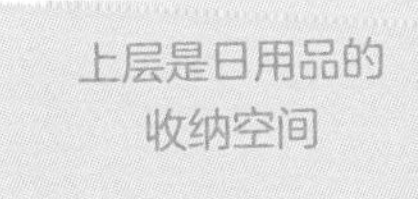

将孩子够不到的地方用来收纳不让孩子碰的电熨斗、叠好的衣服、书包等。此处作为临时存放处发挥了很大的作用。

下层收纳玩具

对于大人来说不方便使用的空间，小孩可以进去玩耍，就像是自己的秘密基地一样，深受他们的喜爱。

现在被改造为日式房间

经过重新粉刷墙、贴壁纸，这个空间现在成为衣帽间和储藏室。随着生活的变化，空间的使用功能也随之改变。

现在的儿童房

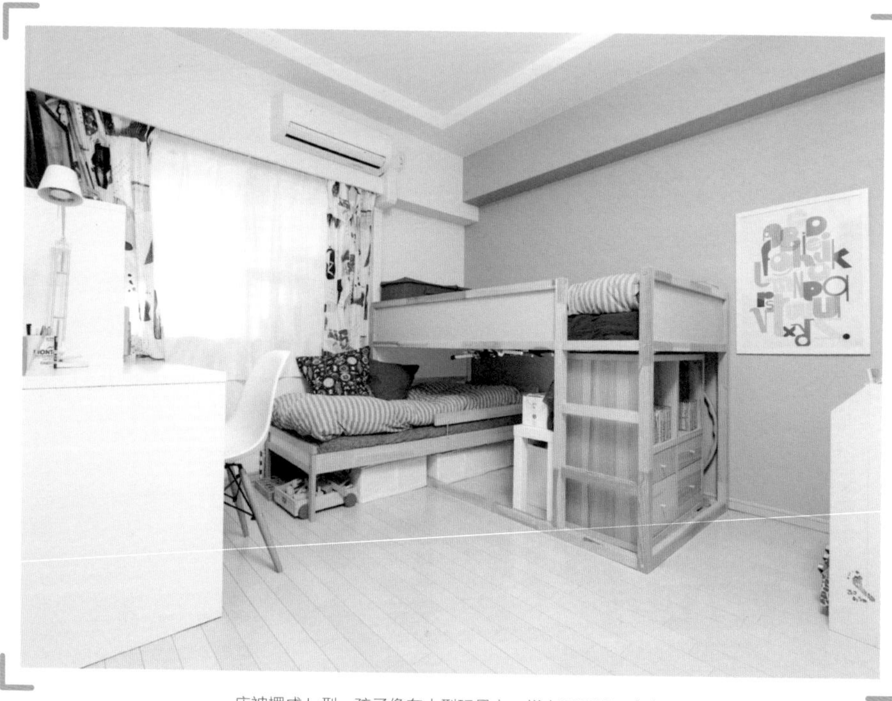

床被摆成 L 型。孩子像在大型玩具上一样上下玩耍。床底下的收纳盒放玩具，孩子也可以轻松搬运。

壁柜旁挂着课外班的书包

课外班的书包挂在两排挂钩上。这是孩子自己可以管理的有效方法。将门后的死角空间加以活用。

· 音乐角 ·

集中各种乐器的演奏区。兄弟俩曾与朋友临时在此举办乐器大合奏、大合唱。

· 阅读角 ·

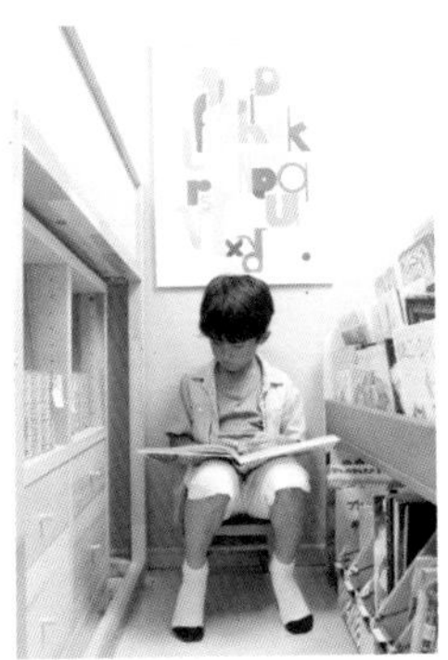

利用床右侧空出的小空间摆放书架。床边与书架间形成自家风格的隐蔽式“儿童图书馆”。

上层是日用品的收纳空间

学习桌下侧右手边摆放了大容积、带轱辘、可移动的收纳柜。

10~12 岁 小学高年级学生

10~12 岁孩子的

整理要点

关注沟通方式

小学高年级学生在准备上学所需用品方面已经很有经验了。他们知道如果上学忘记带作业或忘带所需用品，最终受困扰的还是自己。同时，他们也掌握了准备工作的要领，所以在学校老师提出了有关物品的要求时，可以毫无遗漏地做好准备。可是，在家中，他们对整理这件事却经常敷衍了事，常常敷衍说“一会儿马上干”，“我正准备做呢”，“反正明天还要用呢，现在就不用收拾了”。孩子在这个年龄段刚刚步入青春期。我家的孩子是在小学五年级时开始步入青春期的。那时，不论我轻声说什么，他总是一副不耐烦、嫌弃我“太啰唆”的表情。经过长时间的练习，孩子已经掌握了基本的整理方法。这个时期整理方法固然重要，但是重视与孩子交流的方法才是关键。

这个时期的孩子可以按自己的节奏准备学校及课外班的物品。虽然孩子的整理能力提高了，但是仍不愿意整理。

10~12 岁孩子的

整理要点

我们常以足球运动员的口吻给孩子留言。更换人物的时候，孩子的热情更高涨。

与妈妈所说的背道而驰

这个年龄段的孩子并非完全“不想整理”，而是“不想按照妈妈所说的去整理”。所以，当我们看到孩子把某件物品乱放在外面的时候，与其对他说“收拾一下”，不如告诉他“只要在睡觉之前把这个收拾好就行，自己安排时间”，或者告诉他“你自己看情况收拾吧”，这样的说话方式更容易被对方接受。

说什么都不奏效时，妈妈可以采用另一种方法——使用人物角色来转达。这种方法的效果比较明显。

在家中显著的地方放一块小黑板，上面贴上孩子喜欢的人物或运动选手的剪影。通过用这些人物转达的方式把想提醒或想说的话写在剪影旁。直接唠叨会给孩子一种被指派的感觉，而将留言写在黑板上，直观地进入孩子视线，孩子便会去执行。

10~12 岁孩子的

整理要点

分派任务二选一

当孩子步入小学高年级阶段，做家务的实力和水准都有大幅度提高，但孩子却变得越来越懒得行动。当我对孩子说“请帮我做一下这件事”时得到的回答居然是 “啊？好麻烦啊”。想起当初他曾那么热衷帮我做事，我不禁心里有些失落。现在的小学高年级学业繁重，而他们自己想做的事情也越来越多。回想起昔日与他们差不多大的自己，也能理解他们认为做家务很麻烦的心情。尽管如此，家长依然希望孩子可以帮助做家务。作为家庭成员就要为家庭服务，怎么可以不劳而获呢?

怎样才能再度让孩子欣然接受家庭任务呢？关键是使用二选一的方法来分派任务。比如，“你是帮忙清洗浴缸，还是将洗好的衣服收起来呢”，“帮忙打扫房间，还是帮忙买东西”。诸如此类二选一的方法不会给孩子带来压迫感，孩子感觉自己有主动权有选择的余地，就会愉快地进行选择。当孩子做出选择后，我们可以与他确认“大概什么时候可以完成”，从时间上给予

他一定的宽松度。如果一味地催促他“什么时候做”，青春期的孩子很可能回答“我正准备做”。采用这样的方式也减少了很多日常不必要的冲突。

值得一提的是，二选一分派任务的方法不仅适用于孩子，用在我先生的身上也卓有成效。我和先生同时工作的第三个年头，我每日下班后承担了所有家务，身体超负荷运转，疲惫不堪，内心希望先生可以承担些家务。在那之前，先生也不是完全不参与家务劳动，每当我告诉他“帮忙做一下什么”的时候，他就会马上去做。但如果我不说的话，基本所有家务活都是我一个人承担，这样的局面给我带来了不小的压力。我做了五年的专职主妇之后，便开始了自己的创业之路。创业初期，业务并不是很多。后来业务量逐渐增多，每天忙得不可开交。我并没有把繁忙的日常生活状态告诉先生，实在忙不过来，拜托先生做些家务时，他一副完全摸不着头绪的样子。清晨，先生的时间也很紧张；晚上，我就将先生能够协助做的家务范畴锁定在清洗浴缸或洗衣服上。我向他发出请求：“你愿意帮忙清洗浴缸还是洗衣服呢？”我先生更愿意洗衣服，于是轻松地接受了洗衣服这个委派任务。起初，只接受一个任务可以更顺利地完成。如今先生的任务增加了晚上洗衣服、晾衣服、节假日做一餐饭，以及清晨给次子准备上学用的水壶。

10~12 岁孩子的
整理要点

把回忆盒的管理权交给孩子

常有客户问我："整理后不需要的物品都要扔了吗？"我的回答是"当然不是"。

就我自己而言，我也属于不擅长整理的人群。单身时住在父母家，我经常会把自己的东西放在客厅，也会经常被父母说"这个东西不收就扔啦"，虽然心里明白不会再用了，但总会抱持着"没准什么时候还会用到"的心态，把物品搁置在一旁。15 年前我钟爱的 T 恤如今长子也很喜欢穿。

对于每个人来说，自己最重要的东西只有自己知道。在生活规划整理思考方法中，对于价值观的理解是非常重要的部分。

随着年龄的增长，小学高年级孩子的价值观也日渐清晰。我们也常常感叹，自己每天伴随在孩子身边，但在很多地方却不知道孩子"居然是这样想的"。

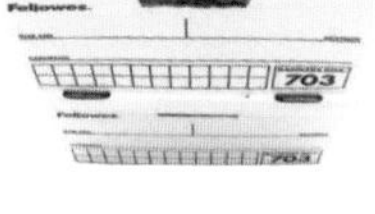

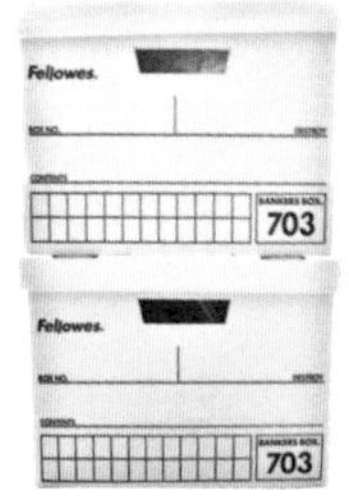

家庭成员每个人使用收纳箱作为回忆盒。因为存在年龄差，长子的回忆盒已经快满了，里面还收藏着他婴儿时的小衣服和他的第一个足球。

即便理解了孩子的想法，也不可能将所有的物品全都留下。这样做一方面确实占地方，另一方面也会使孩子迷失在物品中，找不到对自己来说真正重要的东西。

我家采用的方法是每人有一个自己的回忆盒，包括我自己在内。回忆盒里装着对于自己来说重要的物品，还有本想处理却犹豫不决的东西及宝贵的信件等充满了回忆的物品。

当然对于回忆盒里装的是什么物品，旁人是没有权利插话的。有一个场景就是，起初将没有用的东西放进回忆盒，但再次打开时，自己觉得“这东西就是垃圾啊”，瞬间就把它扔了。

我想一定是时间帮助我们认清并解决了一些问题。人与物品之间的距离感不仅是由使用频率、喜好程度来决定，时间也是重要因素之一。孩子对待回忆盒里的物品的态度使我明白小学阶段的孩子已经能感受到时间的存在。

10~12 岁孩子的
整理要点

我家的规矩是，
孩子去朋友家玩
时要带小零食。

纸袋收纳法

纸袋在我家虽然不被用来收纳孩子的物品，但在孩子的实际生活中却起到了重要的作用，所以将其收纳位置定在位于房间中心区域的走廊处。我在家中做讲座时，大家常常会说这样的收纳纸袋很占地方。

为了放这些纸袋我家所使用的收纳用品是高 65 厘米、进深 55 厘米的洗衣收纳盒。选择大尺寸收纳盒的原因是孩子可以取放自如，方便使用。孩子们每天放学几乎都会在外面玩耍。我们所住的公寓中，小学生有 100 多人，这些家庭基本都支持孩子在外面活动，所以孩子只要下楼就能碰到一起玩耍的伙伴。

即便这样，孩子还是偶尔会邀请朋友到家里来玩。孩子奔跑着、跳跃着，那么激动地邀请自己朋友来家玩时如果拒绝他，告诉他家里的环境不适合接待外人未免太扫兴了。男孩子总是容易兴奋。我不能理解即使普普通通的小事也能使他们情绪高涨到极点。这简直可以用恐怖来形容。在这一点上，女生可谓截然不同。之前女生来我家做客时的情景令我瞠目结舌。

所以当孩子们情绪涨到高点时，也需要降温处理。我在家的时候，会在孩子出门前提醒他去别人家做客时要打招呼等，这也是帮他降温的小方法。但是如果在我工作外出时，就很难做到这点了。为此，我们把去朋友家做客之前，将带去的零食放在纸袋里作为一项家规。

孩子们到家里互访玩耍时，带些零食是流传下来的不成文的规定。如果将零食放入纸袋里，孩子会有些仪式感，这也出于对邀请家庭的考虑（因为对方不一定邀请了所有公寓里的住户。如果碰到没有被邀请的小朋友看到手里裸露在外的零食不免会有其他想法）。与我们小时候去朋友家带上一些糖豆的年代相比，如今还是需要准备纸袋的。另一方面，将零食放入纸袋的过程也是帮助孩子做“情绪降温”的过程。如果“情绪降温”的过程繁琐，放入纸袋的工程很耗时，过程中孩子就有可能放弃，认为没有零食也没关系，同时也会对孩子遵守家规增加了难度。这就是我采用的简单容易取放的收纳方法，并且将其位置固定在通往客厅的走廊处的原因。

10~12岁孩子的
整理要点

为实现梦想而整理

孩子进入小学高年级后，有时会说“整理真是好麻烦”。在面向小学生举办的整理讲座中，我几乎没见过特别喜欢整理的孩子。事实上，我个人也是因为不喜欢整理，才日日苦心研究能让孩子独自可以完成的整理方法。

孩子会认为整理是没什么用的事，而家长觉得整理的好处显而易见，比如，“想用的东西马上就能找到”，“不会忘带东西”，“整理后心情无比舒畅”，但这些并不能影响孩子。孩子并不觉得找不到想用的东西、忘带东西等给自己带来了很大的困扰。为此，他们也就不愿意自己去整理。

为了更好地让孩子们理解“整理真的是为自己而做的事”，我的长子在小学三年级时，我恰好是日本生活规划整理协会“将整理带入学校教育中”项目的负责人，长子参加了我们举办的整理比赛，并将整理作为自己的暑期自由研究课题。

当时我的长子是三年级讨厌整理的男孩。提到自由研究课题，大家可能会想到用黏土做恐龙（长子二年级的研究课题）、观察昆虫（长子四年级的研究课题），或者是做实验（长子五年级的研究课题）。大家可能会好奇，孩子怎么可能将整理作为自由研究课题呢？一定是被强迫的吧？但实际上长子本人是兴致勃勃地将整理作为自己的自由研究课题的。原因是他认识到整理可以帮助他实现梦想。我长子的梦想是成为专业的足球选手。

要想成为专业的足球选手需要做什么呢？→具有足球选手的专业水平。首先成为足球队里最棒的队员。→为了达成上个目标，目前有什么困难？需要注意些什么？→首先不要忘带东西（如果忘带所需物品，就没办法进行训练、参加比赛）。目前，让孩子困惑的还有教练所说的专业术语（对于小学三年级的孩子来说，规则和专业术语的记忆很模糊）。

“为了不忘带物品，需要准备足球相关用品的空间，自己思考方便使用的收纳方法”，同时“为了理解教练所说的话、方便查阅不懂的专业词语及相关知识，将家里所有与足球相关的书籍集中在一起，打造一个足球专区”。我的孩子将上述的整理问题作为自己的暑期自由研究课题。

也就是说，整理不只是为了提高效能，而是为了实现梦想而选择的一个手段。长子明白了“为了实现梦想而整理，整理使自己离梦想更近了一步”。所以为了踢足球，他兴致勃勃地进行整理。

实际上，成人整理时也经常容易忽视一些问题，认为“为了方便使用物品而进行整理”，“看上去太乱了，所以需要整理”，“物品收拾利落后心情会很舒畅”，仅凭这些很难让自己动力十足地去整理。

这时，如果想象一下自己理想的生活状态是什么样，明确自己“想过怎样的生活”，“想变成什么样”，如果能清晰勾画出那样的景象，就可以抱有热情地进行单调的整理工作。虽然大部分人认为整理是个苦差事，但其实整理是为了实现梦想所使用的工具。

开始行动！

2 为实现梦想而进行整理

我的梦想是
成为足球运动员

练习时间

准备相关物品花费时间
↓
迅速有效地准备好物品

走廊

新地方

踢很多场球

*没有物归原位
*柜子里塞得太满

*没有柜门，
可以简单放入
*拿到儿童房

*轻松准备物
*方便读书

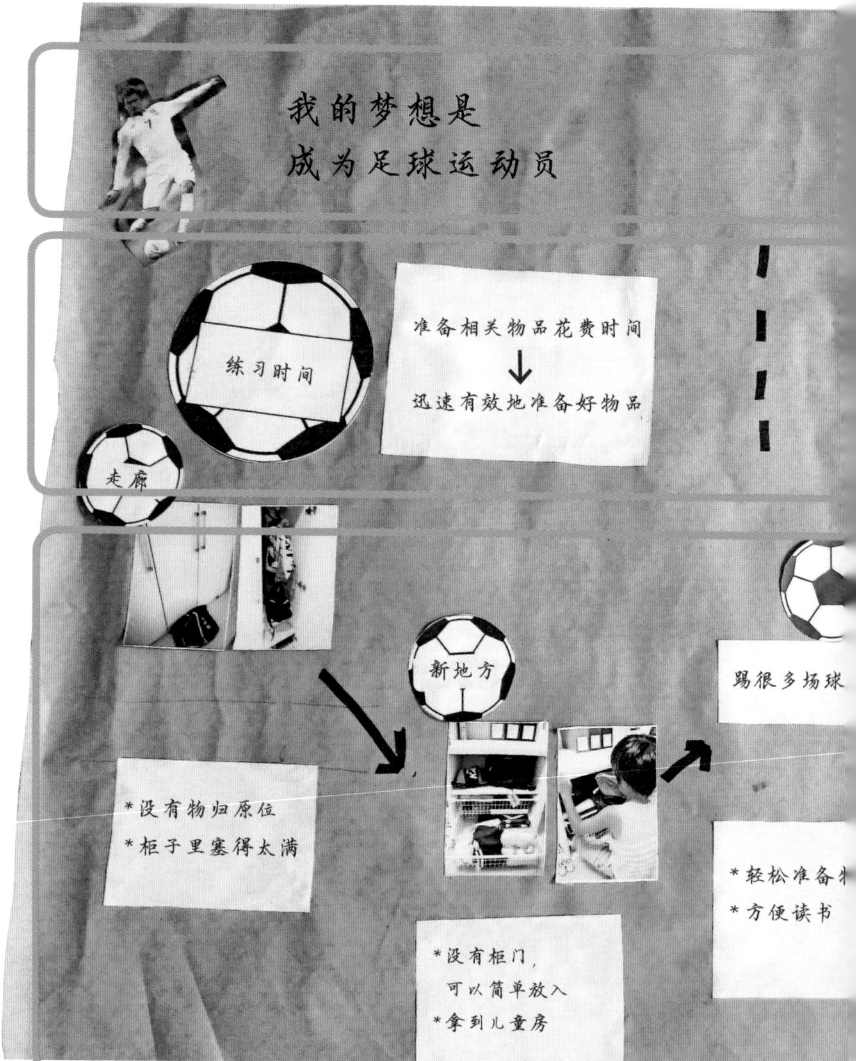

1 理想

2 整理思绪

3 付诸行动

请填写下页问题

开始行动！

2 为实现梦想而进行整理

实践篇

① 梦想

Q1. 想实现的梦想是什么？

以长子为例 想成为足球运动员

妈妈的备注

Q2. 为了实现梦想，需要做什么？

以长子为例 把球踢得更好

妈妈的备注

② 整理思绪

Q3. 为了比现在做得更好，需要做的事情和目前的困惑是什么？

以长子为例 练习时间与想象力

妈妈的备注

Q4. 为了比现在做得更好，整理可以起什么作用？

以长子为例 花时间准备了踢球相关物品，但有时还会忘带，所以要找到适合做准备工作的地方。有时教练所说的专业术语很难理解，为了弄明白教练所讲内容，就需要方便迅速地选取查阅相关书籍

妈妈的备注

注意，不要急于否定孩子的话，更不要说类似“你这样肯定行不通”的话。

③ 步骤

步骤 1 / 分类　将足球相关的参考书分成大、中、小等主题。

步骤 2 / 收纳　将分好类的书籍分别放到方便取放的地方。

步骤 3 / 评估　完成后，根据实际使用情况进行调整。我家次子开始踢足球后就进行了调整。

第4章

时间管理术

知道什么时候做什么事

时间
管理术

把时间可视化

无论现在还是过去，对于我们每个人来说一天 24 小时的时间是平等的。为了有效地利用时间，各种高效能家电产品不断涌入我们的生活。这些产品给我们带来便利的同时也增加了我们的时间管理成本。与过去相比，越来越多的成年人感觉“太忙了，时间不够用”。

上网查资料，应对各种社交媒体……使用网络占用了我们大量的时间，使我们的日程排得满满的，生活也变得越来越忙，每天都在赶时间。很难想象，等我们孩子成年后，时代会变成什么样。

舒适的生活与“能否安排好时间”息息相关，时间的使用方法决定了生活的质量。在成人眼里，现如今的孩子每天简直太忙了。孩子要面对这些问题：“早上几点出门？”“几点开始上课外班？去之前必须做的是什么？”“将来想变成什么样？”每个孩子都需要独立思考如何合理安排时间，即时间的使用方法 = 时间管理术。

时间
管理术

知道什么时候做什么事

常出现在清晨的一幕是，家长不断地催促孩子“快点，快点”“快点吃饭”“赶紧换衣服”。“快点”这句话和“收拾好”一样，是每天在孩子面前不断重复的话语。作为家长，其实内心也不愿意自己这么唠叨，孩子在家长唠叨之前正准备要做，但反复被催促就会产生抵触心理，这样双方都会产生烦躁的情绪。而且，即便总是这么对孩子说，孩子也依然不会意识到自己的状况。清晨被家长催促的孩子大多不能掌握清晨准备工作所需的时间，也不知道什么是必须做的。作为时间管理术的第一步就是要了解以上两点。

物品的整理与时间管理唯一的区别就是，时间是看不见的。生活规划整理术在对物品进行整理时分为“分类一收纳一评估”三个步骤。但将此方法用在时间管理上，“分类”这个步骤就变得模糊了，因为时间既看不见也摸不着，所以在进行分类之前，重要的是要先将时间可视化。

时间
管理术

从两岁开始用磁贴管理时间

其实在我家里以前也有过清晨催促孩子“快点，快点”的场景。尤其会发生在我的次子身上。我的次子很喜欢说话，总是边吃边说，吃一口说一句，穿一只袜子说半天。话没说完，袜子也没穿上，时间完全不够用。于是，我们便使用特制的“磁贴做事表”。磁贴做事表本来是我的长子小学一年级时使用的。现在长子已经是成熟的小学生，但当年每天清早他也是慢吞吞的。我的长子倒不是动作慢，而是习惯发呆愣神。还以为他早已一切准备就绪，其实他却在发呆。他觉得事情都准备好了，但在我眼里简直就是典型的不靠谱类型。当我问他“知道每天必须做的是什么”的时候，才发现原来**只有成年人才会认为每天做的事情 = 理所当然的习惯**。我们成年人每天早晨起床，吃早饭、换衣服、洗漱、上洗手间都是自然而然的习惯，但对于小孩子来说并非如此。

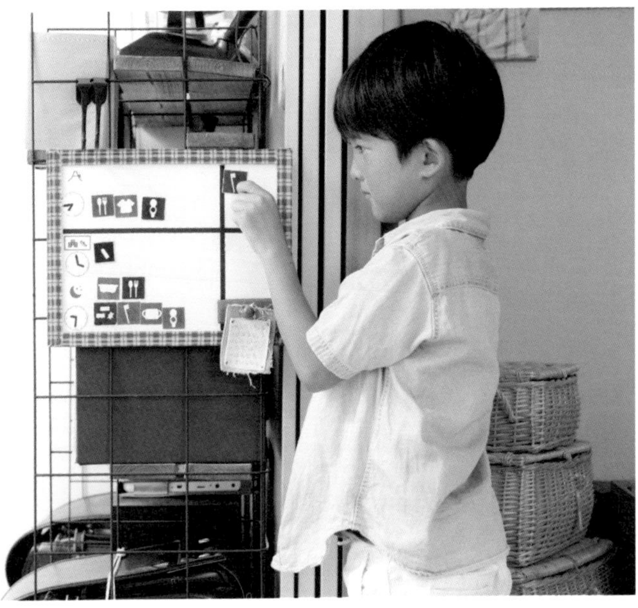

通过移动磁贴表示事情的完成进度，孩子、大人一看磁贴就对所做的事情的完成进度了如指掌。

孩子进入幼儿园或小学后，生活的节奏发生了改变，需要我们帮忙培养新的习惯。磁贴做事表是以小孩子好理解、能明白的“任务可视化”为目标而制作的。将吃饭、换衣服、上厕所都用图和符号来表示。

时钟也是模拟的图案。时钟的长针和短针形成的时间配合需要做的事情的图案和符号，即使看不懂时间的小孩，也可以使用这个磁贴做事表。重点是孩子一看磁贴做事表，就明白每天早晨准备工作需要花多长时间，以及什么事情是必须做的。

每天清晨发生的情况每晚也同样会发生。每天晚上我们也会反复地对孩子说 “写没写作业”，“快点准备明天上学用的东西”。但到第二天早上发现，孩子还是忘记做，这也加剧了早上慌乱的局面，形成负面循环，于是我们将晚上要做的事情也同样列进了磁贴做事表。

磁贴做事表可以作为低龄儿童首次可以完成的时间管理工具来使用。我当时制作该表的目的是让孩子可以边玩边用，简单操作并能开心地使用。我的次子从两岁开始使用磁贴做事表来进行时间管理。次子是幼儿园同年级中年龄最小的学生。

将游戏的元素灵活运用于教育中，让孩子从喜欢开始，慢慢形成习惯。原来“游戏化”一词是这样产生的。我家使用磁贴图和符号，规则是孩子们通过移动磁贴来表示事情是否完成。孩子自己感觉这就像玩游戏闯关似的，有成就感和热情。对于家长来说，每天也不用唠叨，而是一看白板上的磁贴就知道孩子做完了什么事，以及还有什么事需要做。

还可以在白板上贴上孩子喜欢的人物贴画，磁贴移走后的位置会露出孩子喜欢的人物贴画。整理是全面的工作，游戏般的方法对孩子来说效果极佳。

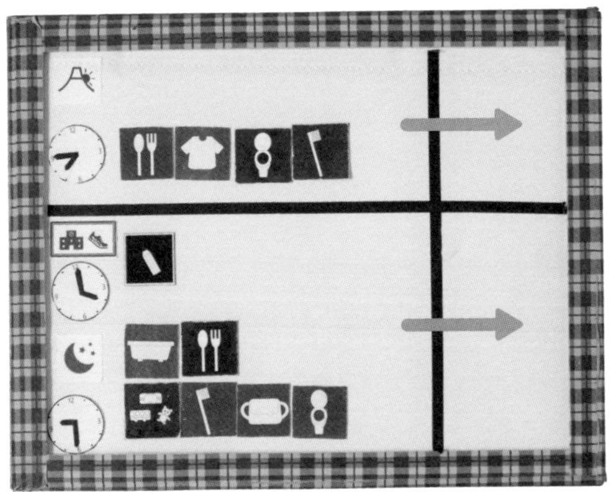

即使孩子不识字、看不懂钟表也没关系，看到时针和分针所形成的图形就知道什么时间该做什么了。

自制磁贴做事表

准备清单：磁贴纸、白板、剪刀、彩色不透明胶带

① 制作图案和符号

使用电脑 PPT 里的图形组合，制作需要的图案、符号和钟表。

▼

② 打印

将制作好的图案、符号和钟表图案打印在磁贴纸上（厚度在 0.4mm 以上最佳；磁贴纸上的字用手写也可以）。

▼

③ 裁剪

用剪刀将打印好的图案、符号和钟表图案剪好。在钟表上标上指针（如果用黑色胶条制作，想改变时间的话，还可以再利用）。

④ 准备白板

把自己喜欢的彩色胶条（选择自己喜欢的贴画或自由装饰）粘贴在白板上（也可以用磁贴）。

▼

⑤ 贴在白板上

将图案、符号和钟表的磁贴按照早晨、晚上的准备工作来组合，贴在白板上。

▼

完成!!

时间
管理术

把要做的事写下来

即使父母认为有的方法还不错，希望将它应用于生活，有时也会很难坚持。此时“干劲”这个开关在哪儿呢？当然在孩子身上。对于孩子来说，“我想要做”和“我不得不做”是完全不一样的，切不可将二者混为一谈。

在自己什么都不知道的情况下，被要求做和自己理解为什么要做并且主动去做，即使是孩子也知道后者会使自己情绪高涨、干劲十足。

试着将每日早上和晚上要做的事，以及要用的时间都写下来（参考P145）。只要把这些写出来，就可以用眼睛看到（可视化）。孩子会想，“这么多需要做的事情，可千万别忘了”，“早上没有时间做这么多事情”。孩子看到时间的期限，会提醒自己要合理安排时间。

当孩子明白，“原来把要做的事情和时间都贴出来是为了让自己清楚，并提醒自己别忘了”，“清早太忙，肯定没有时间做准备，还是头天晚上准备妥当比较好”时，就会自己做决定。

在工作室里，孩子就已经迫不及待地想快点使用磁贴做事表，拿着自己亲手制作的作品回家。

为了保持持续的热情，自己动手做的效果更佳。之前提到我家打造儿童房时，孩子们非常喜欢参与其中。他们会投入情感，也会珍惜儿童房并好好地使用。

孩子使用的磁贴做事表里的磁贴就是孩子自己亲手剪的，白板框上的胶带也是孩子自己挑选、自己贴上去的。即使孩子不能全部完成所有步骤，仅仅能够完成“选择胶带”这一个环节，孩子也会喜欢使用那件物品。认为自己“很有能力并且可以做到”的想法也会延伸到孩子生活和学习中的其他方面。

在大人眼里，自己动手马上就能完成的事交给孩子既费工夫又麻烦，事实上也确实麻烦，但是请尝试将爱的陪伴也放入其中。

时间
管理术

孩子们在工作室制作“磁贴做事表”。

使用时间刻度

与时间做朋友的关键是自己心中有“时间刻度”。

成人有时会遇到这种情形：“今天要打扫卫生间，又得去银行，而且还必须去孩子的学校”，根本不可能同时做这么多事。如果要做，也会忙得焦头烂额、心烦气躁。但如果发现抽空打扫洗手间只用了 5 分钟，是不是顿时感觉轻松了很多？

本以为打扫卫生间需要 10 分钟，实际上却只用了 5 分钟，原来在自己的心里没有“清扫洗手间的时间 =5 分钟”这个时间刻度。将类似这样的时间刻度应用于自己的生活，在一天的 24 小时中重复使用。

磁贴做事表是将时间的尺度可视化的一个工具。平时最好也能提醒孩子多做使用时间刻度的练习。

打开动力开关

要点1 对孩子说“什么时候开始收拾”，来替代“快去收拾”

孩子不仅要知道为何要整理，还要了解整理所需要花的时间。孩子知道时间刻度有多长，接下来就会思考“自己什么时候开始收拾，才不会影响接下来要做的事情”。剩下的事情就交给孩子来做吧。

要点2 不要对孩子说“几点前做好”，而是说“吃饭的时间是几点，你什么时候开始做”

不要对孩子说“几点前做好”，而是说“吃饭的时间是几点，你什么时候开始做”。

不能按照家长的时间刻度（几点）来决定，而是告诉孩子截止时间，给孩子自由的思考空间，并按照自己的时间刻度去做决定。

换衣服需要 5 分钟，写作业需要 15 分钟。

“做什么事情需要多少时间？”在孩子的头脑存储着很多类似这样的时间刻度时，孩子就可以安排自己的日程表了。

我的长子经常在周末参加足球比赛，需要比平时上学起得早。从他五年级开始，我只需要告诉他“明天几点出门”，他就可以安排起床时间并自己设定闹钟，还会特意告诉我他的睡觉时间。孩子在那一刻已经清晰地掌握自己“清晨准备工作的时间刻度”了。

在此之前，每次都是我来决定“几点出发，所以需要几点起床”。孩子掌握了自己的时间刻度之后，实际准备的时间会比预期要快，孩子的时间刻度比我的预测短了 10 分钟，而早上 10 分钟的睡眠对他来说简直太重要了。

开始行动！

3 尝试做时间刻度

1. 算一算早晨准备工作需要花多长时间？

估算早上每项行动所需时间。

早餐　　分

刷牙　　分

上洗手间　　分

换衣服　　分

准备上学所要的相关物品　　分

合计　　分

2. 记录从起床到进入校园的时间

起床　　点　　分

到校　　点　　分

合计　　分

3. 将 1 与 2 进行比较

如果时间不够用　不看电视，找到快速选衣服的方法，前一天晚上做好准备工作，提前起床。

如果时间有富裕　可以做些自己想做的事情。做些为实现梦想（上肢运动）和为进一步提升自己的水平需要做的事情。

重点

这个练习是以了解自己可控时间和不可控时间为目的。了解哪些时间是自己可以控制的，然后思考在可控时间段要做的事情。这样一来，如果有想做的事情，就不会出现时间“被不得不做的事情所占满”的情况。

时间
管理术

把梦想化为每日要完成的目标

每天使用时间时，作为时间的朋友，找到为了实现梦想（目标）有效使用时间的方法。比如，我的孩子的梦想是成为专业的足球运动员。

但是仅有想成为专业足球运动员这个梦想，很难想象出今天为实现梦想具体需要做的是什么。那就先练习踢球吧！通过每天练习踢球，球技虽然会有所提高，但是如何实现梦想呢？孩子为了实现梦想就要掌握日常目标设定的方法，循序渐进地逐步达成。为此，我们可以用采访的形式来引导孩子设定日常目标！

孩子：我想成为足球运动员➞母亲：那你想怎么做呢？

孩子：射门时要准➞母亲：怎样才能射门准呢？

孩子：能把球踢到自己想踢到的地方去➞母亲：为此你需要做什么呢？

孩子：一次能颠很多个球➡母亲：比如颠多少个？

孩子：现在一次能颠15个球，下次争取能颠100个球！➡母亲：好！以下月能颠50个球为目标，在爸爸下次休假前（1周后）争取能颠20个球！

孩子：我会努力的，还差5个就可以颠到20个了！

从成为足球运动员这个梦想到一周内颠球数增加5个为目标，将目标变得更加具体化。孩子认为“再多颠5个球”这个目标还是有可能达到的，所以设定目标的关键在于将目标变小。这样，当孩子可以颠20个球的时候，他自己明白离成为专业足球运动员这个梦想又靠近了一步。这种成就感是促使他继续挑战自我的动力。

时间
管理术
一

思考要达成的目标

设立目标的另一个要点就是使用可以达成目标的正向言语。在此，想与大家做一个简单的心理练习。

请大家在头脑中不要想象一只粉色的大象。

当大家看到“粉色的大象”时，是不是头脑中首先浮现出来的就是粉色大象的样子？我们越是强调不要想象粉色的大象、绝对不要想象，但头脑里浮现出的依然是最初言语的画面。行动也会被脑海里的印象所影响。

所以，往往越是对孩子说拿杯子时别把里面的水洒了，结果水偏偏洒了出来。越是想着千万不能把球踢到守门员那里，结果不偏不正，正好把球踢在守门员面前。

这时我们需要用肯定性言语来设定目标。比如 “双手握紧球，运球时要稳”，“射门时沿自己的对角线踢过去”等。

我们与孩子确认目标时经常会使用否定句型。比如“别忘带东西”，“别睡懒觉”等诸如此类“别做什么”的言语。在我家如果出现了使用否定句的情形，孩子只要一提“粉色大象又出来了”，我就会慌忙改口说“我的意思是睡前要把明天的东西准备好”，“九点钟做睡前准备”。我曾与孩子分享过一次“粉色大象”的话，孩子们爆笑得停不下来。

行动常常会被头脑中留下的印象所牵引，所以类似“不能这么做，要这样做”的言语，给我们留下深刻的负面印象，很难让我们付诸行动。使用类似“如果想成为那样，可以试着这样做”这样的正向肯定性言语，可以使我们顺利地行动起来。

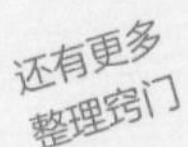

多种技巧与方法

在课外活动的书包上挂上所需用品的清单标牌

游泳时所需的游泳衣、浴巾……将所需用品清单制成标牌挂在书包上就不会忘记。

将运动队服成套分开收纳

将每周固定所需的一整套衣服和袜子放在收纳盒中，使用时很方便！
将其余需要的衣服和袜子成套按喜好分类进行收纳。
这样就不会发生忘记袜子的情形。

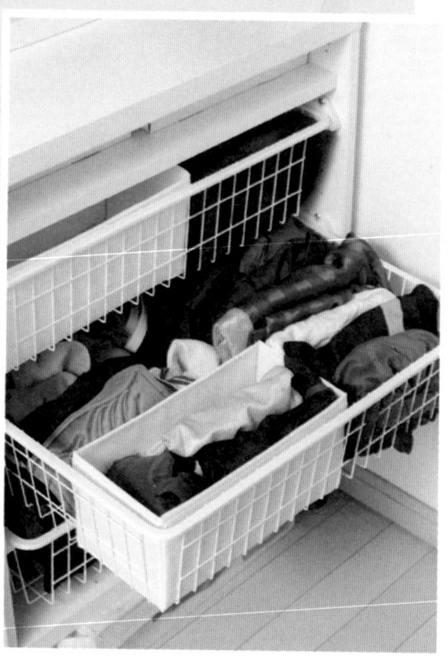

第 5 章

信息整理术

对作业和网络信息进行整理

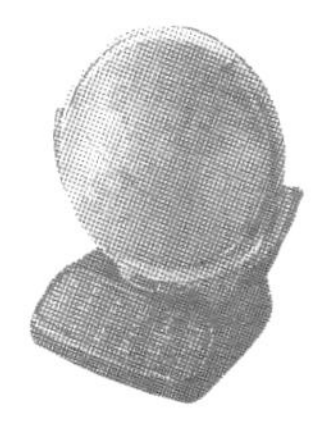

信息
整理术

信息可视化
在信息整理中很重要

1 | 暑假作业表

当我看到小学一年级的长子拿回的暑假作业清单后感到很惊讶。打印纸上挤满小字，写着“1 ～ 15 的汉字练习”等内容。说实话，大人看到这张表都搞不明白作业内容是什么，很难弄清楚什么时候需要完成多少，还差多少没完成等信息。

于是，我用电子表格制作了一个简单的表格。将作业的类别和每项作业的量（页数）用一个个方格表示出来。

孩子完成一项作业就在表的方格上贴一枚标记，而没有贴标记的地方表示尚未完成。这样孩子就会对于自己完成的作业量和剩余作业量一目了然。

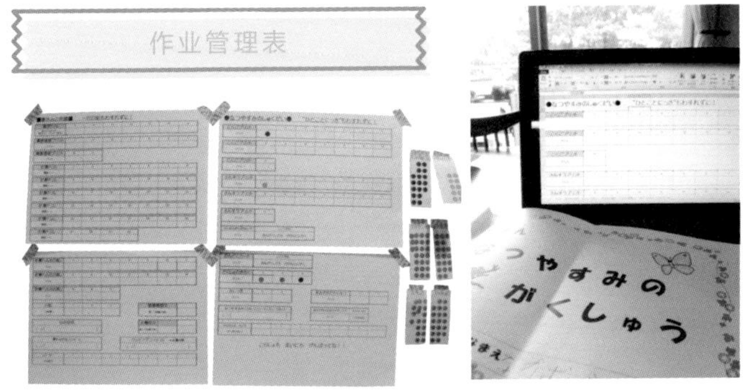

这张表不但有利于孩子了解自己完成作业的状况，实际使用过程中孩子为了多贴标记也会努力写作业，并了解到自己还剩多少作业未完成。当暑期就剩几天时，孩子知道无论如何也要努力完成假期作业。这样，孩子能够自己安排日程，可以帮助孩子在漫长的暑期保持对学习的热情。

假期中，家长每天会唠叨孩子“作业写完了吗”，但孩子不知道学习进度也很难顺利完成。为了让孩子独立思考并付诸行动，我们需要把学习内容和完成进度可视化。这听起来可能有点夸张，但对作业的管理实际是构建信息整理的地基。

原本可以与孩子一起手工制作作业管理表，孩子自己在白纸上写写画画，但我觉得有些麻烦，而且每年内容都会更新，所以选择使用电脑制作电子表格。

在孩子一二年级时，父母可以陪伴并帮助孩子，根据孩子的节奏一起思考，制定假期结束前能够完成的作业管理表。当孩子进入三年级，只要给他一张白纸，一切计划他都可以自己搞定。在长子三年级的寒假，他每天尽情玩耍，寒假一晃即将结束。他在开学前一天晚上写寒假作业写到了 11 点还没完成，着急到落泪，于是，第二天清晨 6 点继续写作业，在最后的时刻终于写完了。

在四年级暑假里，长子吸取了之前的教训，在假期中旬就迅速完成了日记以外的所有作业。这样，每逢寒暑假，长子都很喜欢使用作业管理表，而且还计划自己试着用电脑制作作业管理表。他本人也更加自信了。

我们希望孩子了解，他们需要用电脑来管理时间、信息和制作表格。使用现代化手段制作标准化流程是这个时代孩子所应具备的基本能力。

2 | 用抽签来决定学习时间

当孩子升入高年级后，会以自己的方式和节奏做事。此时父母越说，他越会反其道而行之，放权是最好的选择。如果家长还在意孩子完成作业是否

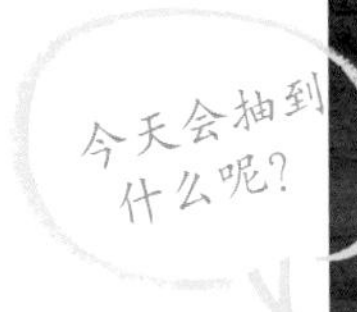

当抽到0分钟的签时，长子开心地疯玩了一整天，而次子却会担心作业完不成。兄弟二人的性格反差还真大。

顺利，可以通过作业管理表大致检查一下。

在低年龄阶段，父母还不能完全对孩子放手，还是需要提醒孩子“每天做一点作业就可以在假期内完成所有作业”，“早晨安排的作业都做了吗”，可是暑假中，孩子满脑子只想着玩！！！玩耍时间都不够，为了玩忙到不可开交，哪有时间去想作业。

没完没了地说“快点做作业”，“什么时候开始做作业”，自己都会觉得啰唆，更何况孩子了。于是，用游戏化的方式决定每天什么时候写作业，并且抽签决定写作业的时长。

孩子决定要写的作业内容，然后抽预先准备好的签来决定时间（孩子每天早上9点就要去玩，所以抽签时间定在8点半）。如果抽到了5分钟，写作业的时间就是5分钟。如果抽到了15分钟，写作业的时间就是15分钟。对于低年级的孩子，当我提到写作业的时间时，孩子会欢天喜地地去抽签决定。孩子会主动按照抽到签上所写的时间认真完成作业，这个方法在孩子写作业环节发挥了很大的作用。

信息
整理术

来自学校的资料也有期限

孩子入园或入学后经常会从学校带资料回家。特别是新学期开学，几乎每天都能带 5 张以上的通知回来。我经常想一会儿再看，便把通知单放在厨房的台面上，然后就完全忘记了。有时，孩子也会忘记拿出通知，发现时通知上的活动已经结束了。学校资料同样也有期限，而且时效很短，更需要用有效的方法进行管理，保证通知等资料既不丢失也不屯积。尤其是家里有两三个孩子的家庭，收到来自孩子各自学校的多张资料时很难及时应对。经常出现“提交回执的截止日期是今天”“活动举办日是今天”的情况。这类资料因被看作一时的通知而容易被忽视，所以需要好好研究制定一套有效的管理办法。

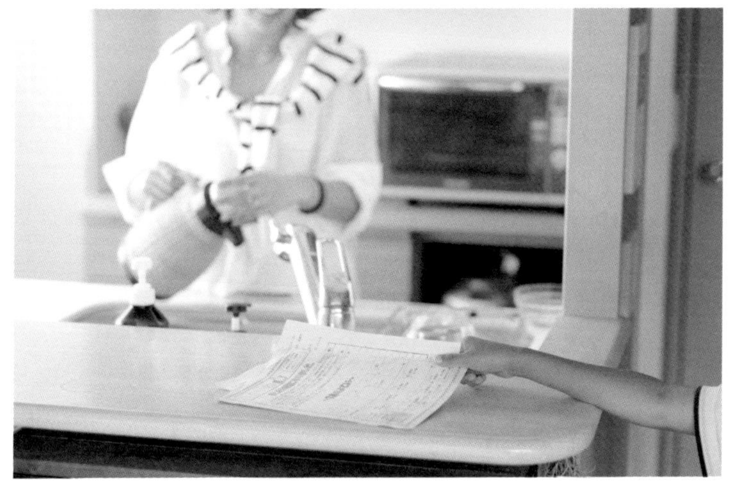

下页介绍对来自学校资料的分类，其中孩子需要管理第 3 类资料。在我家，孩子们把学校春游等参观类的通知统一夹在洗手间墙面挂着的活页夹中，并规定，如果想确认相关事宜的时候就去洗面台那里确认。

如此管理资料，当每天早晨大家使用洗手间时，就可以确认与各自相关的内容。比如，确认“今天有什么活动”“今天需要带空箱子到学校”等。这样一来，确认各种通知不再是我一个人的事情。我突然觉得负担减少了。孩子们各自确认自己的事情时，也表现出很强的责任感。

来自学校的资料有 4 种

1 不需要看的资料
（广告传单等）

➡ 即刻丢进垃圾箱

在孩子经常拿资料的地方放个垃圾箱，可随手处理各种没用的广告传单，这样就不会将其堆积在厨房的台面上了。

2 有时效且重要的资料
（学校组织的春游、参观等活动通知）

➡ 将通知放入活页夹，保存至活动结束，再将通知丢进垃圾箱

将此类资料放入活页夹，挂在洗手间墙壁上的固定挂钩上。原则：①准备三个活页夹，分别放长子的资料、次子的资料及共同的资料（当月的日历）；②活页夹里的资料并非按照收到的资料顺序排列，而是将日期最靠前的资料放在最上面（期限临近的资料）；③当活动结束时，马上将当日的资料扔掉。

3 只需读一次即可处理的资料
（没有日期的报告、年级通知等）

➡ 读完即刻丢进垃圾箱

收到此类资料时即刻阅读，看完后的这类资料便失去时效，可马上扔掉。

4 没有时效但需保管的资料

➡ 收进文件夹里，放到收纳空间保存

新学期学校发的校规等资料，并不需要经常查阅，所以，可以拿到其他的收纳空间进行保管。这类资料如果一直放在外面会使空间变得很乱，可以在其他地方创建收纳空间用来存放此类资料。在拿到此类资料的当天就立刻放到其他的收纳空间中。

信息
整理术

将“新习惯”添加到“已有习惯”中

为什么要将出游的日程表和有截止日期的重要资料放置在洗手间呢？如果把“想要养成的新习惯”添加到“现有的习惯”中，就能更加快速地、压力更小地达成目标。

想让孩子们管理自己的日程表或物品，就必须让他们养成随时确认日程计划表的习惯。

这就是将“检查日程”这件事变为新的习惯。这个时候，如果只是急于让他们记住保管资料的位置，对他们说“从今天开始，你们自己每天要检查这个哦”，他们是很难形成习惯的。因为对孩子们而言，不管做还是不做，都不会对现在的生活造成什么影响。

这个时候，就应该尝试在“已有习惯”的基础上添加“新习惯”了。如果在我家的洗手间里添加放置资料的地方，就能将“检查日程”这个新习惯添加在“刷牙”这个每天早晨一成不变的已有习惯上了。

早晨刷牙是洗手间最拥挤的时候。在刷牙的时候，我们和孩子从拥挤的洗漱台转移到比较宽敞的洗手间墙面附近时，就可以习惯性地完成日程表的确认。

我家洗手间空间比较小，每天早晨一家四口刷牙的时候，就会一下子变得很拥挤（别说四个人，两个人就已经转不过身了……）。这样一来，已经拿了牙刷、挤好牙膏、开始刷牙的人，为了不和其他人挤在一起，都会去洗手间相对来说比较宽敞的地方。就让我们好好利用刷牙这个最佳时机吧！

刷牙要用到手和嘴巴，但眼睛是闲着的。因此，就将洗手间墙面附近比较宽敞的地方作为放置资料的位置了（为了在不用手的情况下轻松阅读，推荐用活页夹将纸挂起来）。

这样一来，眼睛就可以自然地看过去。在“刷牙”这个已有习惯上成功添加“检查日程”这个新习惯。以后，每当有什么想要养成的新习惯时，想一想孩子的已有习惯，看看能不能将它们有效地结合起来。

信息

整理术

危机管理：发生灾害时的电话使用法

有一类信息在日常生活中不是必需的，但依然有必要认真整理并告知家庭成员，这类信息被称为“发生灾害时必备的信息”。

首先，作为紧急联络人，要把我先生、我、婆家父母、娘家父母、好朋友的联系方式做一个通讯录。虽然现在的孩子们大多配有儿童手机，手机里也存着家人的号码，但孩子们未必会在紧急时刻灵活使用，而且不能保证手机每时每刻都有电（我家的孩子不会随时把儿童电话带在身边，所以经常会出现电量用尽还不知道的情况）。

把发生灾害时必备的信息全都写在纸上做成一个列表，放在平时看不见的地方（在我家，这类信息被贴在和室、旧橱柜，以及库房内的墙上），与学校紧急联系处的资料放在一起。

这些不需要每天查看的信息，虽然没必要贴在一眼就能看见的地方，但是为了能在需要的时候迅速找到，不建议收纳在文件夹中。当然，有必要将一览表的信息告诉孩子们。

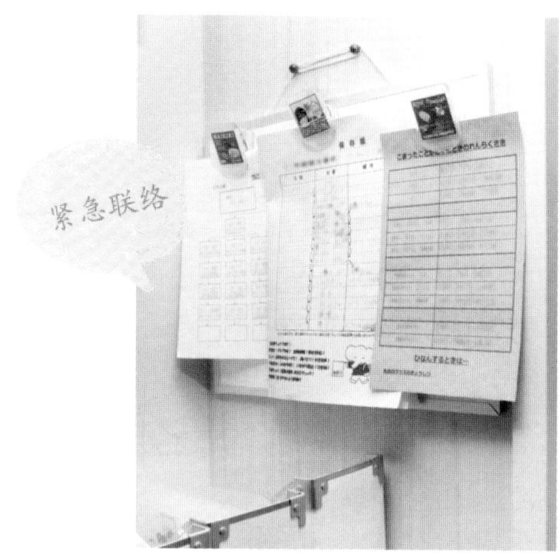

此外，“如果遇到地震等必须避难的情况，为了避免家人四散奔逃”，需要为家人统一设定一个集合地。

以前次子还在上幼儿园的时候，我们把家人的集合地定在“幼儿园（指定避难场所）的某个教室”，这样一来，次子自己就可以过去。次子升入小学后，长子提出：“弟弟以后是小学生了，咱们把家人避难集合点改为小学（指定避难场所）里弟弟的教室怎么样？”次子才刚上一年级，还没弄清楚每个教室所在的位置，因此长子才有了这个贴心的提议。真是个好办法！

采用了长子的提议之后，现在我家的集合地就定在了“正在上小学的次子的教室”。不论是幼儿园阶段还是小学阶段，集合地的话题完全可以在吃晚饭或泡澡时花几分钟确定。集合地在特殊的时期可以起到非常重要的作用。

信息
整理术

三成小学生持有智能手机

据调查，日本三成小学生持有智能手机，五成中学生持有智能手机。

我家的孩子们还没有智能手机，兄弟二人共用一部儿童手机。长子经常跟我念叨："现在想要一部智能手机！如果现在不行，等上了中学一定要一部智能手机！""我想在智能手机 APP 上直接卖掉自己不用的卡片！"

虽然调查数据显示，三成的小学生持有智能手机，实际上，因家庭环境及所居住地区不同，情况不同。长子与我的侄子同是小学六年级学生，侄子有智能手机，而且侄子周围的同学也都有智能手机。但在长子所上的公立学校中，高中之前的大部分学生都没有智能手机。

大家对是否给孩子智能手机犹豫不决的理由是担心孩子经常使用网络。网络本身并不坏，网络给我们生活所带来的极大的便利是一目了然的。"要不

重要的是告诉孩子如何使用智能手机。可以用智能手机检索在学校所学的歌曲，用来看恐龙图鉴的动画版，这样简单、易懂。

要拥有智能手机”不是我们和孩子必须讨论的话题。但是我们必须与孩子沟通好“如何使用智能手机”“如何有效地使用网络”。

现在，大部分家长认为，我们使用智能手机除了可以打电话、发邮件以外，还能查资料、阅览社交网络内容，而且主要把智能手机当作浏览工具。而孩子们认为用智能手机可以在社交网络发送信息，是可以在手机软件中与他人交流联络的工具。

所以，我们不能“因为自己不懂就放任不管”“因为孩子比我们更了解手机功能而全部听孩子的”。

信息
整理术

网络的五大危害

一定要把孩子通过智能手机、电脑等上网时会遇到的危险告诉孩子。具体来说，网络有五大危害。

危害1 孩子很容易接触到平时不让看的视频、影像。
（比如成人视频、暴力视频、与赌博和毒品相关的视频。）

危害2 沉迷于游戏及社交网络，没有时间学习或做其他的事情。

危害3 因上网而减少睡眠时间，打乱生活节奏，危害健康。

危害4 在父母看不到的地方发生社交网络欺凌等问题。

危害5 发表不适当的言论。
（错误、损害他人名誉、侵犯版权等。）

孩子经常混淆网络的虚拟世界与现实世界。有的话可以与同学面对面沟通，但是在网络上公开发表言论可能会引发问题，孩子必须学会选择和辨别。

在同意孩子可以使用智能手机、平板电脑看网络视频时，需要告诉孩子以上五个危害，并且以孩子的立场逐条解释给他，比如“如果睡眠时间减少了，明天玩的时候就没有精神了”。

与孩子一起思考制定规则

在网络便捷的环境里，当孩子提出想要智能手机这个需求时，只回答“不行”，孩子是很难接受的。既然孩子提出这个需求，就说明他已经对使用网络有强烈的兴趣了，我们可以借此机会好好与孩子进行交流。

长子在上小学五年级的时候，以周围的朋友都有智能手机为由，也向我们提出购买智能手机的需求。我问他："如果你想要智能手机，需要与爸爸、妈妈之间定下什么规则呢？"随后，我们一起思考规则的内容。我又给他讲了使用网络的危险性，最后告诉他："买智能手机的前提是通过遵守规则，建立良好的信赖关系。"

与长子之间协商制定的具体规则有："每晚 7 点以后，不在亚马逊频道看视频及动画片""每天把电子教材从学校带回家完成学习"等。如果长子没能遵守规则，我们就不给长子买智能手机。现在已经是中学生的长子每天依然严格遵守当初制定的规则。我并不是绝对不给孩子买智能手机，而是多次强调建立和维护彼此信赖关系的重要性。

孩子们经常说："大家全都有，只有我没有……"在孩子幼儿园阶段我就向孩子明确表达了观点，这句台词在我们这里没有任何效果。我会说："我不关心谁有没有，不会因为大家都有而给你准备。你要说明自己想要这个东西的理由。如果理由足够充分，即使大家都没有，我们也会给你准备的。"

参考答案

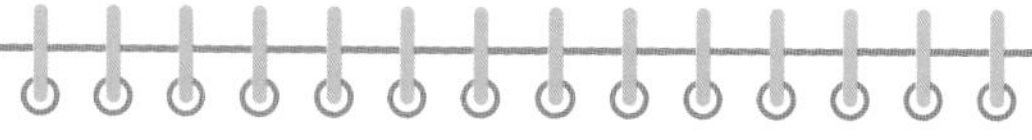

家人一同思考规则内容

- 使用的目的有哪些？（看视频、上社交网络，还是玩游戏）
- 使用时间段从几点到几点比较好，在哪里使用？（几点以后不能使用）
- 上网时使用的设备是什么？（电脑、平板电脑，还是智能手机）
- 不随便与网友见面。
- 不随便将自己的图像、视频、名字、学校名等个人信息在网上公布。
- 当面不能说的话在网络中也不要写出来。
- 要跟人面对面表达重要的事情、情感和感受。
- 网络付费？多少钱以内合适？由谁来支付？
- 如果发生任何问题务必与父母商量。

开始行动！

4 亲子一起来测试

有关网络相关事宜到底了解多少？

Q1. 网络世界没有规则。

是 / 否

Q2. 网上看的视频、影像不是商品，所以全是免费的。

是 / 否

Q3. 网上看到的事情全是真的。

是 / 否

Q4. 通过网络发送的信息，可以正确地表达出自己的想法。

是 / 否

Q5. 儿童不会卷入网络犯罪。

是 / 否

Q6. 网络上随便换个网名，自己所写的内容就不会被发现。

是 / 否

Q7. 网络上发布的信息想删除随时都能删除。

是 / 否

Q8. 对网络里违法的事情，警察不会追究。

是 / 否

Q9. 网络上的照片可以随便使用。

是 / 否

Q10. 用智能手机拍的任何内容，拍摄者可以随便使用。

是 / 否

〈 零用钱的金额* 〉

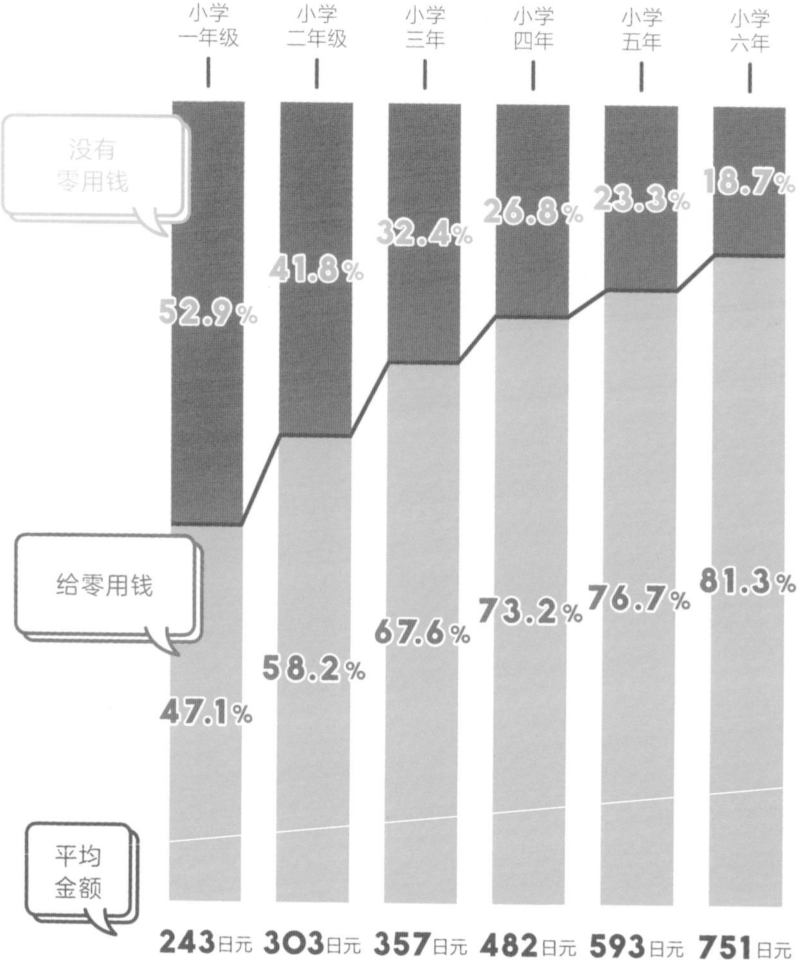

	小学一年级	小学二年级	小学三年	小学四年	小学五年	小学六年
没有零用钱	52.9%	41.8%	32.4%	26.8%	23.3%	18.7%
给零用钱	47.1%	58.2%	67.6%	73.2%	76.7%	81.3%
平均金额	243日元	303日元	357日元	482日元	593日元	751日元

* 东京大学社会学研究所 BENESE 教育综合研究所
（2015 年关于孩子的生活与学习的亲子调查）的数据调查

第6章

金钱管理术

学习如何使用零用钱

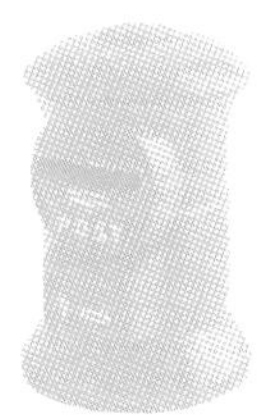

金钱

管理术

给孩子多少零用钱合适？
给孩子的零用钱有固定的标准吗？

从孩子上小学起，很多家长就开始为这些问题而烦恼：“该不该给他零用钱？”“从什么时候开始给？”“给多少合适？”

一些家长会因为孩子说“别的同学都有零用钱了，我也想要零用钱”，而开始考虑这件事。

于是每个家庭都会基于自身的实际情况而形成一套零用钱标准。比如，“每月给你 ×× 钱”，“有特殊需要的时候再商量”，“压岁钱就是一年的零用钱，全部交给孩子来支配”等。

根据前面的调查问卷来看，小学一年级时还没有零用钱的孩子占半数。此外，零用钱的金额一般会随着年级的提升而增多。

我家是从长子上小学三年级起开始给他零用钱的。理由却并不是出于要“培养孩子的自立能力”，而是因为长子上小学三年级时一月中旬的某一天，

次子跑来告诉我："不得了啦，哥哥和朋友们去附近的便利店花 3000 日元买了《决斗大师》的卡片。"

对小学三年级的孩子来说，3000 日元可不是个小数目！况且孩子还没有零用钱，甚至连便利店都几乎没单独去过。这件事成为我家有史以来的特大新闻。

原来这笔钱是长子过年时的压岁钱。由于压岁钱一直被我保管，孩子无权自己支配，所以他找准机会一口气从里边拿出 3000 日元，狠狠地消费了一次。我本来想，"得赶快把压岁钱存到银行里"，后来嫌麻烦，就随手把钱放到了厨房吊柜上面。长子看到后就爬上去把钱拿走了。后来目睹一切的次子把事情的原委告诉了我。

得知长子私自拿钱后我非常气愤与震惊。特别是想到孩子乱花钱的样子，简直气急败坏。

我说："咱们家里出了小偷吗？要不要叫警察来！"长子听到后，马上顶撞我："本来那就是我的压岁钱，我拿了又怎么样！"当时，我气得想要抓他胸口的衣服……不，应该真的抓了。我们大吵了一架。

因为我也是第一次遇到这种事，所以那时完全不知如何应对。不过，在那之后，我也进行了反思。其实在便利店一次性花 3000 日元很正常，但为了根本性地解决问题，在那之后，我开始给长子发零用钱。

因为有了前车之鉴，我在次子小学一年级时就开始给他零用钱，按每月"100 日元 × 年级"的标准来计算。比如，每月 1 日会给长子（六年级）600 日元、次子（二年级）200 日元作为零花钱。

利用“零用钱管理表”管理零用钱

对于兄弟二人的零用钱管理，我用电子表格制作“零用钱管理表”。表格里需记录“何时、钱用在哪里、花了多少钱”，“何时、钱的出处、得到了多少钱”及“余额”。

由于市面的记账本行距太小不好记录，我便自己制作了“零用钱管理表”。它不仅行距宽、易书写，**还是活页纸形式，记账的人不会因为找不到记账本嫌麻烦而放弃记账。**对孩子们来说，使用零用钱管理表的效果还不错。自制表格肯定没有市面买的账本好看，但孩子们并不介意，也完全不影响使用。

零用钱管理表不只可以用来记账，当孩子们装订活页的零用钱管理表时，有时会感慨：“当时想买一个 ××，但后来买了饮料……如果当时忍一忍不买饮料，就可以买那个 ×× 了。”

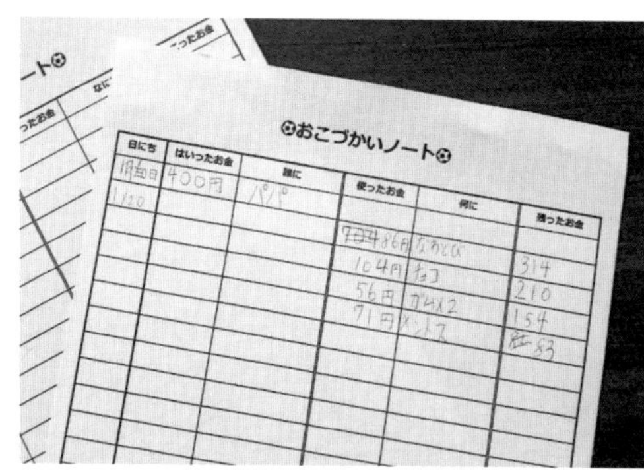

零用钱管理表项目中记录着“日期”“现有金额”“用途”“余额”。

类似这样的经验一次就够了，但常常会发生。仔细想想，大人也一样，也经常会有“不必要的消费”。

但是能够意识到这一点很重要。想得到自己想要的东西，方法是不买不必要的东西。为了离自己的理想生活更进一步而决定不买不必要的东西，这与处理物品是同一个道理。

每月 1 日发零用钱并不是每月必须做的，而是通过核实账目，查看上个月孩子手中的剩余零用钱，存钱罐里的现金与零用钱管理表的金额是否一致，金额一致时孩子才可以得到当月的零用钱。这也是家中零用钱管理的规则。起初，孩子并没有形成“花钱就记录、计算、核算”的习惯，但孩子在使用零用钱的过程中逐渐养成了这个习惯。妈妈采用零用钱管理表的另一个目的是引导小学阶段的孩子多做语文、算术（加减法）的练习。

想买某样物品的时候，可以使用自己所拥有的金钱。当然，花了钱，金额也会相应减少。掌握管理金钱最好的方法就是多实践。

当然，未来生活中孩子可以不带现金上街，支付也可以使用APP或刷卡。金钱数额的增或减，与实际上看到现金增或减的体验还不完全相同。通过现金的“领取、存储、使用、减少”这样的金钱使用方法，用感官来体会是实时的珍贵体验。

当零用钱管理表的账目金额与实际消费金额不符时真的不给零用钱吗？

给零用钱是基于对孩子的信任。要告诉孩子“零用钱管理表的账目金额与实际消费金额相符”是赢得信任的重要环节，如果账目金额与实际消费金额不符会降低信任值，容易失去别人的信任。

之前有人在社交网络平台上问我：“如果孩子的账目不对时，父母真的就不给他零用钱了吗？”

在我家如果第一次发生这种事情，我们会采取宽宥不责的态度，陪孩子一起查找对不上账的原因，是孩子忘了记录，还是其他什么理由。在确认的过程中，孩子往往会突然想起来“上次买糖果时忘了记账”，所以就没有扣除当月的零用钱。

不管怎样，孩子最终要记得“用钱时或者得到钱时第一时间必须马上记录下来（先记在脑子里，事后再记录的做法不太可靠）”。

但第二次发生账目不清的情况时，我真的没有给孩子零用钱。那次之后，发生账目不对的次数减少了（虽然没有减少为 0 次）。后来，账目不符时我会根据具体情况来处理。有时，剩余金额大于开销，原因是给零用钱时，我没有零钱（因为没有零钱，就分期计算，最后账目对不上了）。这种情况不会扣除当月零用钱。**总之，孩子零用钱的账目不对时，我们会采取不给当月零用钱的办法。**

孩子们都很聪明，能偷懒就偷懒，如果他们看到“妈妈是认真的”，也会严格要求自己，而作为家长，也会认为孩子们只要想做就一定可以做到。

顺便提一句，因账目不对，我没有给孩子零用钱的那个月，我向孩子提

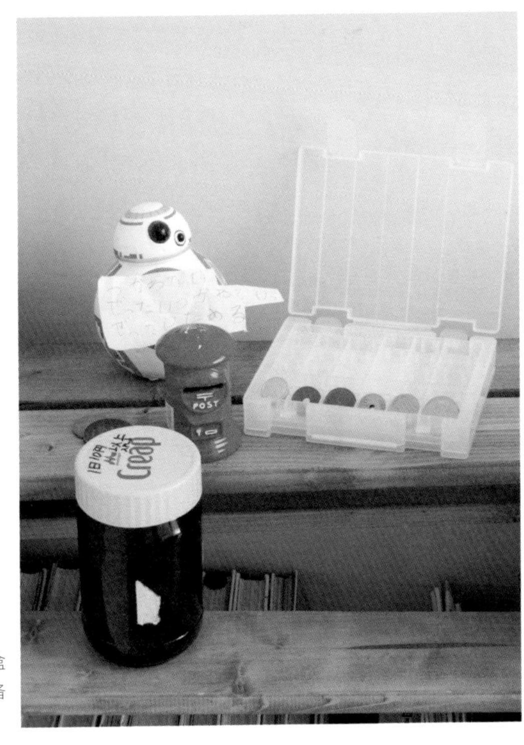

长子把零用钱全部放入瓶子里，而次子将钱币按大小分开放入盒中。不知何时，次子还自己准备了存钱罐。

议“今天是特殊奖金日，清洁浴缸可以额外得到 20 日元”，增加帮助家里跑腿干活的零用钱增项，用来弥补孩子没有零用钱的不便。当时，孩子们完全忘记了没得到零用钱的失落，而是开心地赚零用钱增项的特殊奖金。

后来当次子（低年级）开始有零用钱时，同样采取“账目金额不符，不给零用钱”的原则（给兄弟二人所制定的规则如果不一致容易引起纠纷，金钱以外的各种规则也没变过）。我会不露声色地帮他检查，确保账目尽量别出错。这样，次子会觉得“我和哥哥一样也能做到”而更加有自信。

金钱
管理术

制定家中的帮工机制

孩子成为小学生后具有很强的工作能力。我们制定了帮工机制使孩子能够更好地帮助家人做家务，如我们经常委派孩子清洁浴室、煮饭等。

我们并不是逼他们做家务，而是作为家庭的一员，孩子理所应当帮家人做家务（有时我们会给孩子一些跑腿费）。让孩子帮工时与收纳一样，需注意找到容易让他们做的方法。

以淘米为例。在我家厨房里，能活动的空间只有 3.3 平方米。每天忙碌的黄昏，孩子淘米确实也帮了个大忙。但是我正在狭小的厨房忙着准备晚餐，孩子与我挤在同一个小空间里，真的很碍事。孩子是好不容易来帮忙的，我却嫌烦，这个母亲还真是不讲道理。每天傍晚忙于准备晚饭做家务，我完全无法考虑那么多。我在孩子帮忙时还唠叨“快一点”“我这儿正在炸东西，别过来”。但是我真心需要他们的协助，又忍不住唠叨。

于是，我想到了解决办法，就是将米柜和电饭煲的位置固定在离厨房入口最近的地方。米柜在洗菜池下面的大抽屉里，离入口左侧最近。这样，孩

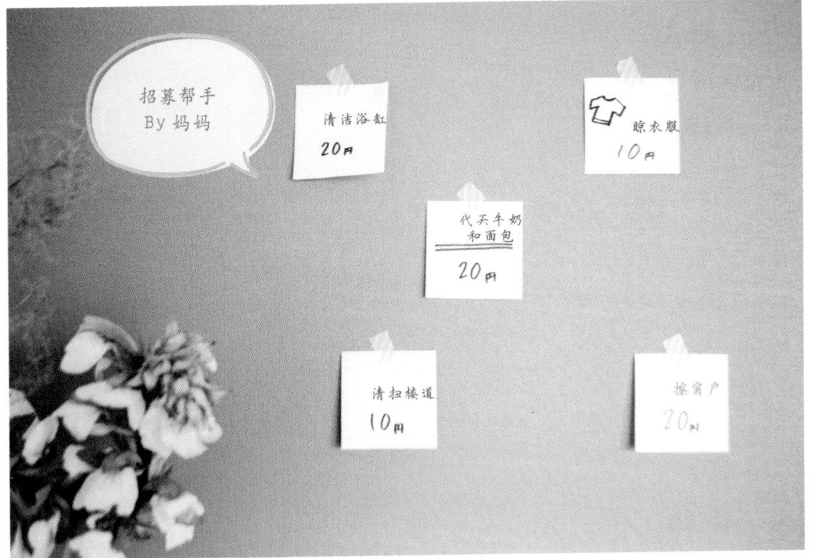

零用钱最受欢迎！贴出的“招工信息”先到者先得。一贴出，孩子们会马上跑来应征。

子可以坐在厨房门外，把电饭锅内胆放在地上，打开大抽屉，用右手从米柜中取出米，放入电饭锅内胆里，不进入厨房就可完成放米的过程，然后只需一步即可淘米，回身将内胆放入电饭煲里设置蒸饭。整个过程孩子基本不用进入厨房，而是在厨房外相对宽敞的走廊处进行，孩子也反馈说这样更便于操作。

我家的两个孩子都习惯用右手，所以在决定米柜位置时也是以惯用手为右手设定的。在追求便利快捷的方法时，惯用手也是一个不能不考虑的因素。

金钱

管理术

零用钱外加代劳费

孩子每月到手的金钱是每月的零用钱 + 代劳费（每次）。因为孩子是家庭内部的帮手，所以我实行招募的方法，将我当天需要帮工工作的内容及相应的价格写在纸上，贴在墙上进行招募。

可以帮工的内容有很多，如“清洁浴缸 20 日元”，“晾衣服 10 日元”，“清扫楼道 10 日元”。最初，我和孩子们口头沟通，后来暑假因为需要帮工的项目多，所以就将写有招募帮工内容的纸条贴在墙上，孩子们每天都会兴致盎然地确认“今天要做什么”。

兄弟俩会开心地选择各自喜欢的帮工内容，而作为委托人的我也更容易分派任务。清洁浴缸这个项目是二人互相争抢的工作，所以为满足兄弟二人的需求，我会将清洁浴缸的工作按日期分派给二人。现在即使不特意安排，他们也清楚自己清洁浴缸的日子。这真的帮了我不少忙。

年底帮工内容是清扫门口的过道。孩子们连平时清扫不到的地方都认真打扫了！每人代工费 20 日元。孩子真的帮了我不少忙。

给孩子付代劳费时，要郑重地对他说“谢谢，你帮我大忙了”。作为帮工的孩子付出劳动后被感谢，并得到回报，对孩子们来说是非常值得自豪的事。

我在网络平台上与读者分享了这个做法后很多人效仿。读者们分享说“自己委托高中的儿子帮忙给门厅处的木头刷漆并支付了 500 日元”，“将年底大扫除的价格写出并贴出来，我先生只以 3000 日元便包揽了本想委托专业人士来清扫抽油烟机的工作”。原来这种方法不仅适用于小学生，一些平时家人不喜欢做的家务，贴出“招工信息”后，家人就像做游戏一样自愿地做了。

金钱
管理术

当孩子有购买物品的计划时，家人开会讨论后再做决定

即使孩子知道“想买东西的时候，要看看自己存的零用钱是否够用”，有时也还会提出“我真的很需要、很想买 ××”的请求。通常我先提醒他，“攒够了钱再买吧”，也会建议他“把你想要的东西作为圣诞节或生日礼物怎么样”。即便如此孩子还是很想买时，我们会让他说明购买该物品的理由。买与不买某件物品是通过讨论的形式来决定的。

之前长子对我说：“我的室内足球鞋快坏了，想再买一双。”孩子们都在练习足球，家里是有室内足球鞋的。当时正是长子六年级最后一次室内足球赛的前夕，我对他说：“我觉得你这双鞋是可以坚持到比赛的，买新的鞋有些浪费（脚长得很快，鞋尺寸很快会变小）。”我没同意他买新鞋。事实上，那场比赛结束后一直到小学毕业，再也没举办室内足球赛。

虽然小学毕业后，没有足球赛事了，但是寒假有比赛。我先生说：“到比赛时，这双鞋肯定不能穿了，而且为了下次比赛现在每天还要训练。而这双鞋训练用都没办法穿了。上次的比赛如果孩子一直连胜晋级，这鞋根本没法穿到最后。”

这次我没有理由再拒绝给长子购买新鞋。通过这件事，孩子明白了**不能仅仅因为想要就买东西，而是要思考真正需要的理由。**

金钱
管理术

如何通过物品
引导孩子正确使用金钱

我的长子曾经想买 1400 日元的游戏攻略。当然，他的零用钱是不够的，而且，他知道即使召开讨论会，我们也不会同意买的。这时他有三种选择：一是忍着；二是攒够钱再买；三是预支。

零用钱的使用基本原则是“如果有想买的东西，攒够钱再买”，但并没有“不能借”“不攒够就别买”的要求。零用钱管理表中的每个项目都需认真填写，并且账目要清楚，但这并不是最重要的。重要的是通过管理零用钱，让孩子自己进行多方位思考，从小在家庭中学习如何管理和灵活使用金钱。长子特别想买游戏攻略，最终他选择了第 3 项——以预支的方式购买游戏攻略。在预支的 1400 日元里有 200 日元从零用钱中扣除，剩下的 1200 日元我与他约定，以每次 10 日元清洁浴缸为家里代工 4 个月的形式预支。通过这件事，他知道了什么是贷款。

拿起书

快乐学习金钱的绘本

通过趣味绘本让孩子学习整理的基本方法

《钱大人的心情》

这是一本幼儿园小朋友都可以理解的“管理好金钱很重要”的书。书中以拟人化的手法讲述了主人公“一元君”经历“自己作为金钱也可以给人带来幸福”的故事。

《柠檬换钱法》

这是一本经济学入门绘本。书中解释了利润、消费者、劳动争议、罢工等复杂的词汇。这是一本成人读了都会有收获的绘本。

《金钱这点事儿：学校不教的重要事3》

本书讲了许多与生活息息相关的知识，比如金钱管理方法、当有人向你借钱时该如何应对、印制钱属于犯罪等。

结束语

我认为“孩子自己做能到 80 分远远比在家长的帮助下得到 100 分更有价值”。

如果以 100 分为目标，妈妈可能要时刻围绕孩子的生活转。

这样做，结果很完美，而且孩子能很快做好。

但得到 80 分的孩子凭借自己的双手做事，他们有机会试错，体验失败，并最终走向成功。

整个过程中，孩子自己思考解决问题的办法，其价值远远大于得 100 分本身。

并不是期待孩子取得100分。50分也好，80分也好，30分也行。最主要的是孩子能成为独立思考、会做选择的人。

如果孩子取得 100 分，父母可以拥抱孩子、亲吻孩子，与孩子一同分享喜悦之心。

想到这些，在未来的日子里我会与孩子及家长分享更多孩子可以独自完成的整理方法。

最后要感谢一年来相伴左右的铃木女士、作为艺术指导的松浦女士、担任设计的石泽女士、负责插图的中根女士。还有参与本书出版的其他相关人员，在此致以最真诚的谢意。

也从心底感谢一直鼓励和支持我的家人！

还有支持我并购买本书的读者、客户和听过我讲座的学员、粉丝，由衷地感谢大家。

中村佳子

参考文献

《规划整理教科书》（ライフオーガナイズの教科書），日本生活规划整理协会主编，主妇之友，2017。

《哈姆雷特》（ハムレット），威廉·莎士比亚，新潮文库，1967。

《丰田式整理》（トヨタの片付け），OJT SOLUTIONS，KADOKAWA，2012。

YOSHIKO NAKAMURA

中村佳子

生活规划整理师，日本生活规划整理协会的认证讲师。作为专业规划整理师，接待各类客户及企业咨询。作为讲师，也活跃在各个领域。授课次数超过 300 场，听课人数 6000 人以上。中村佳子是日本 Ameba 人气博主。育有两个男孩（长子上小学六年级，次子上小学二年级），在男孩独自完成的整理方法及如何打开孩子动力开关等实践技巧上深受好评。2011 年，成为专业规划整理师。2012 年，荣获《ESSE》杂志举办的收纳 & 内装大奖。2014 年，获得"整理大奖 2014"特别审查员的荣誉。针对孩子的时间管理，开发了"磁贴时间管理法"，将整理推广到校园，担任儿童实现目标指导老师。现住兵库县川西市。

《母子轻松整理术》（ママと子供にやさしい片付け）
https://ameblo.jp//lifeorgnizer.yoshiko/
官方网址 <DrawerStyle>
https://drawer.style.com/

STAFF

摄影：佐藤朗 中村佳子
美术总监：松浦周作（mashroom design）
设计：石泽绿（mashroom design）
插图：中根 YUTAKA
校对：麦秋艺术中心
编集：铃木聪子

图书在版编目（CIP）数据

解放妈妈！男孩子也会的极简整理术！/（日）中村佳子著；王菊，吕剑译. --北京：中国画报出版社，2019.11（2020.5重印）

ISBN 978-7-5146-1794-8

Ⅰ. ①解… Ⅱ. ①中… ②王… ③吕… Ⅲ. ①家庭生活—亲子教育 Ⅳ. ①TS976.3

中国版本图书馆CIP数据核字(2019)第205890号

北京市版权局著作权合同登记号：图字01-2019-5294

解放妈妈！男孩子也会的极简整理术！
[日]中村佳子 著　王菊　吕剑 译

出 版 人：于九涛
责任编辑：廖晓莹
内文设计：赵艳超
责任印制：焦　洋

出版发行：中国画报出版社
地　　址：中国北京市海淀区车公庄西路33号　邮编：100048
发 行 部：010-68469781　010-68414683（传真）
总 编 室：010-88417359　版权部：010-88417359

开　　本：32开（710mm×1000mm）
印　　张：6
字　　数：100千字
版　　次：2019年11月第1版　2020年5月第2次印刷
印　　刷：北京汇瑞嘉合文化发展有限公司
书　　号：ISBN 978-7-5146-1794-8
定　　价：48.00元